BOTANISCHE ABHANDLUNGEN

AUS DEM GEBIET

DER MORPHOLOGIE UND PHYSIOLOGIE.

HERAUSGEGEBEN

VON

Dr. JOHANNES von HANSTEIN,

PROFESSOR DER BOTANIK AN DER UNIVERSITÄT BONN.

VIERTER BAND

ERSTES HEFT.

Untersuchungen über die Quellung einiger vegetabilischer Substanzen von Dr. Johannes Reinke.

BONN,

BEI ADOLPH MARCUS.

1879.

UNTERSUCHUNGEN

UEBER

DIE QUELLUNG

EINIGER VEGETABILISCHER SUBSTANZEN.

VON

Dr. JOHANNES REINKE,
PROFESSOR IN GÖTTINGEN.

MIT 4 LITHOGRAPHIRTEN TAFELN.

BONN,
BEI ADOLPH MARCUS.
1879.

Vorwort.

Die auf nachstehenden Blättern mitgetheilten Beobachtungen gehören einem Gebiete an, welches trotz seiner fundamentalen Bedeutung für die Physiologie der Pflanzenzelle bisher eines nur geringen Interesses sich zu erfreuen hatte. Eine umfassende Monographie der Quellungserscheinungen ist aber auch hier nicht angestrebt worden. Die Untersuchungen bewegen sich ausschliesslich in den Richtungen, wo bisher wenig oder gar nicht vorgearbeitet war. Andere Theile des gleichen Gebietes, z. B. diejenigen, welche von Nägeli, sowie von Nägeli und Schwendener genauer studirt wurden, sind deswegen nur erwähnt, sofern sie für die aus den eigenen Versuchen zu ziehenden Folgerungen von Wichtigkeit waren. —

Um Missdeutungen vorzubeugen, erscheint es nöthig, einen Hauptpunct vorweg kurz zur Sprache zu bringen. In dem theoretischen Theile der Abhandlung wurde die Anschauung Nägeli's zu Grunde gelegt, dass in den organisirten Substanzen die chemischen Molecüle zu grösseren Molecülgruppen, den Micellen vereinigt seien. In eine Discussion über die Nothwendigkeit dieser Vorstellung bin ich nicht eingetreten. Dagegen mache ich die Voraussetzung, dass diese Micellen völlig dem Bereiche der Molecularkräfte angehören, also in ihren mechanischen Eigenschaften den als morphotische Individuen angesehenen »kleinsten Theilchen« oder »Molecülen« der Physiker sich anreihen. Eine Consequenz dieser Annahme, die auch auf die mechanische Theorie der Quellung sich erstrecken musste, ist die, dass die Micellen Schwingungen um eine stabile Gleichgewichtslage ausführen, deren lebendige Kraft wir als Wärme empfinden[1]).

1) Eine andere Vorstellung über das Wesen der Wärme nimmt an, dass dieselbe in Schwingungen der Theilchen der electrischen Flüssigkeiten ihren Grund habe. Der Bewegungszustand der kleinsten materiellen Theilchen wird aber auch von dieser Seite her nicht in Abrede gestellt.

Diese Annahme erscheint mir nothwendig, weil ich glaube, dass die löslichen Colloide, z. B. Gummi, aus eben solchen Micellen sich aufbauen, wie die organisirten Körper, was von Graham zuerst ausgesprochen wurde. Die Micellen des Gummi's stehen aber vollständig unter der Herrschaft der Molecularkräfte, da sie bei der Lösung sich gleichmässig in einer gegebenen Menge Wasser vertheilen und dabei in den flüssigen Aggregatzustand übergehen. Eine Lösung von Gummi ist aber für mich eine ächte Lösung, weil sie Tropfenform anzunehmen vermag und sich beliebig mit Wasser verdünnen lässt.

Dieser Anschauung wird sicher von Einzelnen die Auffassung entgegengestellt werden, dass die Micellen grössere morphotische Elemente seien, welche sich den Molecularkräften theilweise entziehen und dass nur die in ihnen enthaltenen chemischen Molecüle jene Schwingungen ausführen, welche die Physiker ihren »kleinsten Theilchen« zuschreiben. Für diese Ansicht will ich bemerken, dass auch sie mit der von mir angedeuteten mechanischen Theorie der Quellung vereinbar ist; es braucht dann nur Dasjenige, was über den Einfluss der lebendigen Kraft der Micellen gesagt ist, ausser Acht gelassen zu werden, da bei dieser Anschauung der Druck des Wassers die ganze mechanische Arbeit der Quellung zu leisten hat.

Ferner muss ich hervorheben, dass ich erst nach Vollendung des Druckes auf eine Mittheilung von H. Quincke[1]) aufmerksam gemacht wurde, worin derselbe eine Contraction des von quellenden thierischen Substanzen aufgenommenen Wassers nachweist.

Auch ist noch auf zwei wichtige Druckfehler hinzuweisen, welche ich vor der Lectüre zu verbessern bitte. Auf Seite 31 ist Zeile 7 von unten zu lesen: Taf. 2 Fig. 3, anstatt Fig. 4; Seite 32 lies Zeile 13 von oben: 3,4 anstatt 2,1.

Endlich brauche ich es wohl nicht speciell zu betonen, dass die beschriebenen Versuche prägnante Beispiele aus oft lange fortgesetzten Versuchsreihen sind; ich habe nicht mehr aus diesen Beobachtungen mitgetheilt, als mir nothwendig erschien, um ein Princip zu begründen. Und damit empfehle ich das Schriftchen der wohlwollenden Nachsicht meiner Fachgenossen.

Reinke.

---

1) Pflüger's Archiv 1870 p. 332.

Inhalt.

Untersuchungen

über die

Quellung einiger vegetabilischer Substanzen.

Einleitung.

Wie Lösung und Verdunstung, so gehört auch die Quellung zu den Diffusionserscheinungen. Bei der Verdunstung werden die peripheren Theilchen eines Körpers derart losgerissen, dass sie unter Aufhebung aller Cohäsion den Gesetzen der Dämpfe folgen, d. h. im Raume möglichst weit sich auszubreiten streben. Bei der Lösung wird mit dem Eindringen der Flüssigkeit zwischen die festen Substanz-Theilchen die Anziehung dieser letzteren zu einander in dem Maasse überwunden, dass eine vollständige Aenderung des Cohäsionsverhältnisses, ein Aufhören des festen Aggregat-Zustandes erfolgt und die Teilchen sich gleichmässig im Lösungsmittel verbreiten. Bei der Quellung endlich äussern zwar anfangs die Theile des festen Körpers eine stärkere Anziehung zur Flüssigkeit als unter einander, so dass die Cohäsion des quellenden Körpers sich lockert, indem seine Theilchen sich mit Flüssigkeitshüllen umgeben; allein diese Lockerung ist eine begrenzte, die überwiegende Anziehung der festen Theilchen zum Wasser eine vorübergehende; nach Erreichung eines Maximum des Wassergehaltes überwiegt wieder die Anziehung der festen Theilchen zu einander über die des Wassers, nur quantitativ ist die Cohäsion geändert, nicht vollständig modificirt.

Die Frage, ob wir die zwischen einem quellbaren Körper und Wasser obwaltenden Anziehungskräfte chemische oder physicalische nennen sollen, erledigt sich mit der Frage, ob die Diffusionserscheinungen überhaupt als chemische oder physicalische Processe anzusehen sind. Will man noch darauf bestehen, eine Scheidewand zwischen chemischer und physicalischer Anziehung aufzurichten, so muss man nach meinem Dafürhalten die Diffusion den chemischen Erscheinungen zurechnen, und zwar deswegen, weil jeder einzelne Körper z. B. in Beziehung auf Wasser ein specifisches Diffusionsvermögen besitzt, eine Anziehung, welche von seiner chemischen Qualität abhängt. Können doch auch durch blosse Diffusion chemische Verbindungen, wie Doppelsalze, gespalten werden, indem z. B. nach Graham's [1]) Entdeckung die beiden Componenten der Alaune eine verschiedene Diffusionsgeschwindigkeit besitzen.

Es haben manche Beziehungen zwischen verschiedenartigen Körpern einen chemischen Character gewonnen, seitdem die moderne Chemie den Begriff der Molecülverbindungen neben dem früher allein üblichen der Atomverbindungen in ausgedehnter Weise zur Anwendung bringt. A. Naumann [2]) ist soweit gegangen, die Mischnng zweier Flüssigkeiten, die Lösung eines festen Körpers oder die Absorption eines Gases in einer Flüssigkeit als Molekelverbindung nach veränderlichen Verhältnissen zu bezeichnen [3]). Ebendahin würden dann auch die in einer Flüssigkeit gequollenen Körper zu stellen sein, ja bei diesen letzteren würde der chemische Character noch deutlicher hervortreten, wenn wir das Quellungsmaximum als einen stabilen Hydratationszustand gelten lassen wollen, welchem der Körper bei der Wasseraufnahme zueilt; denn vor seiner vollständigen Sättigung befindet sich der quellbare Körper in Bezug auf die Quellungsflüssigkeit im labilen Gleichgewicht. Daher erscheint es auch zweckmässig, den Begriff der Quellung dem allgemeineren der Imbibition nicht gleichzusetzen. Nach der ursprünglichen Anwendung des Wortes Imbibition in der Pflanzenphysiologie verstand man darunter die Durchtränkung des ganzen Pflanzenkörpers mit Wasser; Imbibitions-Wasser

---

1) Ueber die Diffusion von Flüssigkeiten, in Annalen der Chemie und Pharmacie 1851. XXVII. p. 56.

2) Grundriss der Thermochemie 1869. p. 79.

3) Graham erklärt sogar, dass chemische Affinität niedersten Grades sich bis zur Capillar-Attraction abzustufen vermöge. (Vgl. Annal. d. Chemie 1862. p. 72.)

ist danach alles dasjenige Wasser, welches eine Pflanze mit den Wurzeln aufnimmt und welches sie durch die Transpiration wieder verliert [1]). Andererseits werden wir nicht umhin können, von Imbibition zu sprechen, wenn ein poröser Körper, z. B. ein Klotz von Gips oder Thon seine freien Hohlräume mit einer Flüssigkeit füllt. Ein Schwamm, eine capillare Röhre, ein Stück Pergament-Papier vermögen Wasser zu imbibiren; und im gleichen Sinne können wir von der Imbibition eines Samenkorns, eines Stückchens Zellhaut sprechen. Allein zwischen der Imbibition des porösen Thons und der Zellhaut liegt eine bedeutende Differenz. Der erstere ändert bei der Imbibition weder sein Volumen noch den Grad seiner Cohäsion, während die letztere dabei an Volumen gewinnt, an Cohäsion oder genauer an absoluter und rückwirkender Festigkeit verliert. Obgleich nach den Versuchen von Jamin [2]) das Wasser in einen porösen Gipsklotz mit einem Druck von der Höhe mehrerer Atmosphären einströmt, so ist dieser Druck, abhängig von der Enge der capillaren Poren, doch niemals im Stande, die Anziehung der Molekeln des festen Körpers zu überwinden. Darin gerade liegt das Eigenthümliche der Imbibition von Wasser durch organische Substanzen, dass eine Vermehrung des Volums und ein Auseinanderdrängen der Theilchen des festen Körpers durch das Wasser erfolgt, aber in der Regel nur bis zu einer Grenze, wo die Anziehung der festen Theile unter einander diejenige zum Wasser wieder überwiegt. Nägeli [3]) hat für diesen merkwürdigen Process eine ebenso einfache wie geniale Erklärung ersonnen. Von der Annahme ausgehend, dass die molecularen Anziehungskräfte höheren Potenzen der Entfernung umgekehrt proportional seien als die Newton'sche Gravitation, gelangt er zu dem Schlusse, dass die wirksame Potenz zwischen Substanztheilchen und Substanztheilchen im Stärkekorn eine niedrigere sei, als die zwischen einem Substanztheilchen und Wasser; daher muss diese letztere Anziehung eher dem Nullpunct sich nähern, als die erstere.

---

1) Vgl. z. B. Senebier, Physiologie végétale IV. p. 49. 54.

2) Mémoire sur l'équilibre et le mouvement des liquides dans les corps poreux. Comptes rendus 1860. p. 311 ff.

3) Die Stärkekörner p. 232.

Wir können demnach die Quellung mit der capillaren Attraction zu den Imbibitionserscheinungen rechnen, allein wir dürfen diese Begriffe einander nicht substituiren. Das characteristische Merkmal der Quellung bleibt die Zunahme an Volumen beim Aufsaugen und die Verminderung des Volums bei der Abgabe von Wasser.

Dass nur organisirte Körper quellbar sein könnten, dafür lässt sich ein zwingender Grund nicht beibringen. Obgleich wir die Quellungsfähigkeit zunächst an organisirten Substanzen oder deren unmittelbaren Derivaten (z. B. dem Bassorin) wahrnehmen, so ist keineswegs undenkbar, dass wir nicht noch Quellungserscheinungen anorganischer Körper sollten kennen lernen. Schon manche kieselsaure Verbindungen besitzen einen gallertartigen Zustand, dessen Cohäsion ganz mit derjenigen gequollener organischer Substanzen übereinstimmt, auch vermindert sich durch Verdampfung von Wasser ihr Volumen. Vielleicht giebt es Verbindungen von Kieselsäure, welche bei der Einwirkung einer Flüssigkeit wirklich aufquellen. Ferner wurde von Wagner und Tollens (Liebigs Annalen Band 171 p. 355) ein quellbarer, in seinem physicalischen Verhalten der Gelatine und dem Traganth nahe stehender Körper kennen gelehrt, das Acrylcolloid, welches die Entdecker als Nebenproduct bei der Darstellung von Bromacrylsäure erhielten. — Diese Beispiele werden sicher noch vermehrt werden können.

Um nun die Erscheinungen, welche die vegetabilische Substanz in Bezug auf ihre Quellbarkeit darbietet, richtig erläutern zu können, haben wir uns zunächst über eine Vorstellung von der Molecularstructur derselben zu einigen. Nägeli hat zuerst die Hypothese geäussert, dass in den Stärkekörnern die Molecüle zu grösseren Molecülcomplexen aggregirt seien; später hat derselbe[1]) diese Aggregate als Micellen bezeichnet. Die gleiche Vorstellung hat Graham[2]) für alle Colloidsubstanzen nahe gelegt. »Die Frage bietet sich als eine naheliegende von selbst dar«, sagt dieser Forscher, »ob das Molecül einer Colloidsubstanz nicht durch das Zusammentreten einer Anzahl kleiner krystalloider Molecüle gebildet sein, und ob die Grundlage des Colloidalzu-

---

1) Nägeli u. Schwendener, das Mikroscop, II. Aufl. p. 424.

2) Annalen der Chemie 1862. p. 71.

standes nicht in Wirklichkeit der zusammengesetzte Character des Molecüls sein möge.« Pfeffer[1]), welcher die gleiche Anschauung vertritt, macht auf die Uebereinstimmung zwischen den Micellen Nägeli's und den Molecülverbindungen im Sinne der neueren Chemie aufmerksam; er braucht für beide die zweckmässige Bezeichnung »Tagma«, von der zu wünschen wäre, dass sie allgemein den schwerfälligen Ausdruck »Molecülverbindung« ersetzen möge. Bevor das aber in der Chemie geschehen ist, dürfen wir in der Pflanzenphysiologie doch wohl den Anspruch Nägeli's an die Priorität der Bezeichnung nicht übersehen, und wird daher in diesem Aufsatze das Wort »Micelle« [2]) gebraucht werden.

Nach Nägeli's Vorstellung sind die Micellen von Wasserhüllen umgeben, welche beim Austrocknen sich auf ein Minimum, beziehungsweise auf Null reduciren. »In der trockenen Substanz berühren sich die festen Theilchen« [3]). Der Grad der Aufquellung dagegen entspricht der Mächtigkeit dieser Wasserhüllen. Diese Hülle muss dichter sein, ihre Molekeln weniger verschiebbar als in den auch mit Wasser erfüllten Interstitien der Micellen [4]). Der Einwand gegen diese Theorie, dass die von Nägeli um die kleinsten Theilchen herumlagernd angenommenen Wasserhüllen mit den Eigenschaften der Festigkeit und Elasticität unvereinbar seien, wie sie organisirte Körper zeigen, erweist sich nicht als stichhaltig. Denn auch im Quellungsmaximum werden die Micellen nicht soweit von einander entfernt, dass ihre wechselseitige Anziehung aufhören könnte, Zugkräften gegenüber als elastischer Widerstand zu wirken; im trockenen Zustande aber ist dieser Widerstand in hohem Grade verstärkt, hier können wir die alsdann sehr dünn gewordenen Wasserhüllen, sofern die Cohäsion der Substanz in Betracht kommt, einfach als die äussersten Schalen der festen Micellen betrachten, durch deren Anziehung sie unbeweglich fixirt werden.

---

1) Osmotische Untersuchungen p. 32. ff.

2) Ich habe mir dies Wort übrigens nicht als ein Compositum von μικρος und cellula gedeutet, sondern nur als eine Diminutivform von μικρος. Vgl. Pfeffer l. c. p. 150.

3) Nägeli l. c. p. 342.

4) Nägeli l. c. p. 341.

Nägeli[1]) hält die Micellen selbst für Wasser undurchdringlich; Pfeffer[2]) dagegen macht Gründe geltend, wonach auch eine Wasserbewegung durch die Micellen hindurch möglich erscheint. Jedenfalls würden hierdurch die Phänomene der Diosmose und der Quellung sehr viel complicirter werden; da wir aber Beweise für diese Durchdringbarkeit der Micellen zur Zeit nicht in Händen haben, nach meiner Ansicht auch für die in dieser Abhandlung zu discutirenden Quellungserscheinungen durch die eventuelle Durchdringbarkeit der Micellen nichts Wesentliches sich ändern würde, so sollen hier der grösseren Einfachheit wegen dieselben als undurchdringlich angenommen werden.

Durch höhere Temperatur wie durch Säuren oder Alkalien wird bekanntlich ein weit stärkeres Aufquellen einzelner organisirter Substanzen hervorgerufen, als durch Wasser bei niederer Temperatur; sie zerfliessen zu einer Kleistermasse und nehmen beim Austrocknen ihre ursprüngliche Structur nicht wieder an. In diesen Fällen handelt es sich um eine vollständige Zerstörung der Molecularstructur, nach Nägeli[3]) um eine Zertrümmerung der Micellen, ausserdem aber auch um eine Modification des chemischen Characters. Danach gehören diese Erscheinungen, wie auch Pfeffer hervorhebt, zu den Dissociations-Processen, sie werden als von den einfachen Quellungsphänomenen, wie sie in der lebenden Pflanze vorkommen, qualitativ verschieden in dieser Arbeit nur ganz beiläufig Berücksichtigung finden.

Eine weitläufige Untersuchung über das Verhältniss zwischen Molekel und Micelle würde nicht zur vorliegenden Aufgabe gehören. Dagegen mache ich für die von mir angenommenen Micellen die Voraussetzung, dass sie zu den kleinsten Substanztheilchen gehören, durch deren Schwingungen das Phänomen der Wärme hervorgerufen wird.

Alle organisirten Theile der Pflanze sind quellbar, die Stärkekörner, die Proteinkrystalle, das Protoplasma, die Zellwand, und zwar mehr oder weniger. Während ein Stab aus trockenem Holz beim Eintauchen in Wasser für das Augenmaass kaum eine Verlängerung erkennen lässt, schwillt die äussere Samenschale vieler Pflanzen bei

---

1) l. c. p. 333.

2) l. c. p. 35. 150.

3) l. c. p. 353.

Benetzung um ein Vielfaches ihres ursprünglichen Volumens auf und ein ausgetrocknetes Stück von Fucus zeigt in reinem Wasser ein derartiges Aufquellen seiner Extracellularsubstanz, d. h. der äussersten Schichten seiner Zellen, dass letztere wie ein dünner Schleim in der Flüssigkeit sich ausbreitet, ohne scharfe Begrenzung, dem gelösten Zustande sich nähernd.

In den wachsenden Pflanzenzellen finden wir die einzelnen Theile alle stark gequollen, sogar im Maximum der Quellung oder diesem Maximum doch sehr genähert. Wir müssen uns daher nach ausgetrockneten Pflanzentheilen umsehen, wenn wir den Process der Quellung studiren wollen.

Es fehlt auch nicht an Material, bald günstigerem, bald weniger günstigem, um diese Aufgabe in Angriff zu nehmen. Dennoch ist die eigenthümliche Structur des Pflanzenkörpers für viele Untersuchungen zwar nicht gerade ein unübersteigliches Hinderniss, aber oft in hohem Grade erschwerend, besonders wo es sich um quantitative Ermittelungen handelt. In den wenigsten Fällen genügen so kleine Bruchtheile von Geweben, wie man im Sehfeld des Mikroskops zu beobachten vermag. In der Regel sind grössere Mengen für die bezüglichen Versuche nothwendig, zum mindesten ein paar Cubikcentimeter; und für so grosse Mengen organisirter vegetabilischer Substanz müssen wir den Anspruch auf Homogeneität ihrer Theile leider fallen lassen, uns damit auf die Ermittelung solcher Thatsachen beschränkend, welche auch bei der Quellung nicht homogener Körper deutlich zu Tage treten. Eine wirklich homogene organisirte Substanz ist aber selbst in mikroskopisch kleinen Fragmenten kaum zu beschaffen.

Denken wir uns aus einer verdickten Zellwand einen Würfel oder eine Kugel herausgeschnitten, so finden sich darin stets wasserreiche und wasserärmere Schichten, also von verschiedenen Quellungscoefficienten, mit einander wechselnd; ganz dasselbe ist mit einzelnen Stärkekörnern der Fall. Es ist eben ein characteristisches Merkmal der organisirten Substanzen, dass ihre moleculare Structur keine gleichförmige ist. Endlich ist auch, z. B. in den Zellhäuten, der Quellungscoefficient in verschiedenen Richtungen ein sehr verschiedener[1]); auch

1) Vgl. z. B. N. J. C. Müller, Botanische Untersuchungen I. pag. 120 ff.

vom Einfluss dieser Verschiedenheiten haben die im Nachfolgenden mitgetheilten Beobachtungen sich möglichst frei zu halten gesucht.

Wir haben es demnach immer und unter allen Umständen bei unseren Versuchen mit Körpern zu thun, welche aus einem Gemenge von Substanzen verschiedener Quellbarkeit bestehen; das würde schon der Fall sein, wenn wir nur mit Zellhäuten experimentiren wollten. Allein es stehen uns für makroskopische Versuche ausschliesslich aus einer grossen Zahl ganzer Zellen bestehende Gewebestücke zu Gebote, oder höchstens, wie im Traganthgummi, etwas gleichförmigere Desorganisationsproducte solcher Gewebe. Indessen brauchen wir vor der Benutzung ganzer Zellen auch keineswegs zurückzuschrecken, wenn wir das Feld der Untersuchung in der angedeuteten Weise begrenzen; dann aber ist es gleichgültig, ob ein quellender Körper aus Zellhaut + Protoplasma + Stärkekörnern besteht, oder blos aus nicht homogener Zellhaut. In dem Aufquellen ganzer Zellen beobachten wir den Durchschnittseffect aus der Quellung der einzelnen Schichten und Theilchen der Zellhaut, und der einzelnen Theilchen des quellungsfähigen Zellinhalts, unter denen manche Substanzen, wie z. B. kleine Oeltröpfchen, die Quellungsgrösse Null besitzen. Dadurch, dass die verschiedenen Theilchen derartiger Körper in verschiedenem Grade quellbar sind, entstehen im Innern allerlei Spannungen, welche einen Theil der durch den Quellungsprocess ausgelösten Kräfte wieder absorbiren. Allein dieser Verlust an lebendiger Kraft scheint bei den zur Untersuchung vorzugsweise benutzten Objecten in Wirklichkeit geringer zu sein, als die theoretische Betrachtung vermuthet. Immerhin ist bei Veranschlagung der gesammten, auch potentiellen, Arbeitsgrösse der Quellung dieser Posten mit in Ansatz zu bringen. Als Object der directen Messung verbleibt die Quersumme der Quellung aller einzelnen Theile eines solchen Körpers.

Geeignetes Material für das Studium der physicalischen Grundlagen der Quellungserscheinungen bieten uns zunächst die trockenen Samen.

Die im Folgenden mitgetheilten Versuche sind grossentheils mit Erbsen angestellt worden, die von der Testa vorsichtig befreit waren; um jede Lebenserscheinung auszuschliessen, waren dieselben oft in verdünnter Sublimatlösung aufgequollen und wieder getrocknet. Es zeigte sich aber auch bald, dass unter Wasser liegend die Erbse keine Spur von Wachsthumserscheinungen zu erkennen gibt.

Eine reife, lufttrockene Erbse besteht aus der Radicula, der Plumula und den beiden Cotyledonen. Die letzteren überwiegen der Masse nach so sehr, dass wir Radicula und Plumula nicht weiter zu berücksichtigen brauchen, zumal da ihr Zelleninhalt mit dem der Cotyledonen übereinstimmt. In den letzteren finden wir zahlreiche Cambiumstränge mit dünnwandigen, langgestreckten Zellen und feinkörnigem, stärkefreiem Plasma; zwischen denselben liegen die grösseren Zellen des Blattparenchyms mit etwas stärkeren Wänden, der Inhalt dicht angefüllt mit grobkörnigem Protoplasma, darin eine Anzahl grosser Stärkekörner eingestreut; die letzteren zeigen im Innern meist grössere Risse. Zwischen diesen Parenchymzellen befinden sich luftführende Intercellulargänge [1]).

Ein zweites brauchbares Object für das Studium der Quellungs-Phänomene bieten die Thallome vieler Meeresalgen dar. Bei der Untersuchung kamen zur Verwerthung *Laminaria saccharina, digitata* und *Chondrus crispus*. Beide haben vor der Erbse den Vorzug, dass ihrem Gewebe (abgesehen von alten *Laminaria*-Stämmen) die lufterfüllten Intercellularräume gänzlich fehlen; bei allen den Versuchen, wo das Vorhandensein dieser Intercellularräume störend wirkt, experimentirt man zweckmässiger mit den Algen [2]).

Ein Querschnitt durch den flachen Theil der *Lamina* sowohl von *Laminaria saccharina* als auch von *Laminaria digitata* lehrt, dass derselbe aus zwei Rindenschichten und einer Markschicht besteht. Die Markschicht wird aus den Hyphenfasern gebildet, welche besonders in Richtung der Längsaxe des Laubes verlaufen und relativ sehr dicke Wände nebst engem Zellenlumen zeigen. Die Rindenschichten dagegen bestehen aus parenchymatischen Zellen mit dünneren Wänden und relativ weitem Lumen. Beim Austrocknen der Pflanze schrumpfen die Ge-

---

1) Eine Abbildung der Parenchymzellen einer Erbse findet sich bei Wiesner, die Rohstoffe des Pflanzenreiches, pag. 250, Fig. 25.

2) Vortreffliche Abbildungen des Gewebes des *Laminaria*-Stammes im ungequollenen und gequollenen Zustande finden sich bei Luerssen, Medicin. pharm. Botanik p. 99 ff., desgl. von *Chondrus crispus* p. 124 und 125.

webe derart, dass die Zellwände sich der austrocknenden Substanz des Zelleninhalts dicht anschmiegen, wodurch in den parenchymatischen Schichten der Rinde Einfaltungen der Zellwände entstehen. Beim Wiederaufquellen in Wasser quellen dann sowohl der Zelleninhalt als auch die Wände gleichzeitig, wobei die parenchymatischen Zellen in dickeren Stücken ihre ursprüngliche Ausdehnung nicht wieder erlangen, sondern immer noch mehr oder weniger eingefaltet bleiben. Nur in ganz dünnen mikroskopischen Schnitten dehnen die Zellenwände sich zu ihrer ursprünglichen Form. Wir können daher annehmen, dass wir bei der Quellung grösserer Stücke des Laubes von *Laminaria* im Wesentlichen die Quellung seiner Zellwände beobachten, dass das Verhalten des Zelleninhalts damit sich übereinstimmend verhält, aber als quantitativ untergeordnetes Moment gegen die Wände zurücktritt.

Die Stämme von *Laminaria digitata* sind insofern analog gebaut, als sie ein peripheres, parenchymatisches Gewebe und einen aus Hyphen bestehenden Axencylinder enthalten; in Betreff der Quellungserscheinungen gilt das Gleiche, wie für die Lamina.

Das Phänomen der Quellung stellt sich an diesen Körpern in folgender Weise dar.

Wenn man einen zarten Schnitt aus dem Parenchym einer Erbse, der aus den getroffenen Stärkekörnern nur eine ganz dünne Lamelle herausschneidet, trocken unter dem Mikroskop einstellt und dann Wasser zusetzt, so sieht man den Schnitt sich plötzlich, mit einem Ruck ausdehnen, die einzelnen Theile springen förmlich auseinander und damit scheint der Act des Quellens beendigt. Bei genauerer Beobachtung dagegen bemerkt man, besonders mit Zuhülfenahme der Mikrometerscala, dass nach der ersten, momentanen Ausdehnung noch eine ganz geringe Volumerweiterung in langsamem Tempo statt hat, deren Betrag aber unbedeutend ist im Vergleich zur ersten Dehnung. Bald steht auch diese Bewegung völlig still, es ist in der Substanz die Sättigung der Quellung eingetreten; die Ausdehnung, welche der Körper in diesem Zustande gewonnen hat, und welche der Menge des aufgenommenen Wassers entspricht, heisst sein Quellungs-Maximum.

Es leuchtet ein, dass die Ausdehnung, welche ein quellbarer Körper bei der Aufnahme von Wasser erleidet, der Ausdehnung entspricht, die man an einem elastischen Faden oder Stabe durch Anhängen eines Gewichtes herbeiführen kann. Derselbe wird momentan durch die Zugkraft auf eine dem Elasticitätsmodul der Substanz entsprechende Länge auseinandergezogen; darauf beginnt ebenfalls in sehr geringem Massstabe und von verschiedener Dauer die elastische Nachwirkung.

Wir können daher auch von einer Nachwirkung der Quellung sprechen. Dieselbe ist bei verschiedenen Körpern von sehr verschiedener Dauer; bei der Erbse bald beendigt, ist ihre Wirkung bei Gummiarten, z. B. schon beim Traganth, eine nahezu unbegrenzte. Wie der mechanischen Zugkraft gegenüber, so ist auch bei der Quellung der Widerstand der Theilchen ein geradezu verschwindender gegen die zur Anwendung kommende Kraft; der Widerstand tritt erst hervor bei der Nachwirkung, er bedarf hier der Zeit, um überwunden zu werden, er wächst und wird bald unendlich gegenüber der Kraft der Quellung.

Ich kann mir vorstellen, dass ich dem mikroskopischen Schnittchen aus der Erbse eine geringere Wassermenge zuführte, als es zur Sättigung bedurfte; das Volumen (beziehungsweise die lineare Ausdehnung), um welches ein quellbarer Körper bei der Aufnahme eines gewissen Quantums Wasser (a) sich ausdehnt, ist als der Quellungscoefficient des betreffenden Körpers zu bezeichnen. In der Regel wird man wohl den Zustand des Quellungsmaximums benutzen, um den Quellungscoefficienten für verschiedene Substanzen festzustellen.

Chondrus und *Laminaria* zeigen im Wesentlichen dasselbe Verhalten, wie die Erbse.

Aus dem Umstande, dass kleine dünne Schnitte dieser Substanzen auch nach der Quellung eben bleiben, darf man schliessen, dass in kleineren Quantitäten, wo die Aufquellung momentan erfolgen kann, die in Folge der Differenz im Quellungscoefficienten der einzelnen Theile des Gewebes nothwendigen Spannungen äusserst gering sind, sonst müssten wellenförmige Kräuselungen des Schnittes eintreten. Es zeigt die Erbse bei dieser Gelegenheit nur, dass, während Protoplasma und Zellhäute sich fast ganz gleichartig ausdehnen, die aus den Stärkekörnern herausgeschnittenen Lamellen ein wenig zurückbleiben, so dass eine schmale, capillare Spalte zwischen den Stärkekörnern und dem Protoplasma auftritt, während letzteres der Zellhaut auch nach dem Aufquellen anliegt. Diese Spalte füllt sich sogleich mit Wasser. An quellenden, unverletzten Zellen schien es mir, dass diese unmittelbar an die Stärkekörner grenzenden Spalten die ersten Anfänge der Vacuolenbildung seien, welche sich im Zustande des Quellungsmaximums bereits im Zellinnern zu erkennen geben. Die mechanische Ursache der Vacuolenbildung in den Zellen muss ja von dem Quellungscoefficienten des Protoplasma abhängen. Wir können uns das Zustandekommen derselben nur auf zweierlei Weise zurechtlegen. Entweder die Wassercapacität des Plasmas wird an gewissen Stellen durch eine physicalische oder chemische Ursache plötzlich herabgedrückt; dann muss die Ausscheidung von Wasser an einer solchen Stelle erfolgen. Oder beim ersten Aufquellen bleibt ein Theil des Plasmas oder ein in demselben eingeschlossener Körper in der Quellung zurück; in das dadurch entstehende Vacuum muss sogleich Wasser von den angrenzenden Substanzen hineinfiltriren. Diesem letzteren Umstande dürften die Vacuolen in den Zellen der Erbse ihren ersten Ursprung zu danken haben.

Beim Studium des Quellungsprocesses an trockenen Samen müssen wir uns auch darüber vergewissern, wo die Ausdehnung durch blosse Quellung aufhört und die Ausdehnung durch Wachsthum beginnt. In Betreff der Erbse gelingt es ausserordentlich leicht, jede Wachsthumserscheinung auszuschliessen, weil eine von Wasser bedeckte Erbse niemals wächst; dieselbe quillt bis auf das Maximum, bleibt auf dieser Höhe aber stehen, bis sie durch Desorganisation zu Grunde geht.

Es bedarf wohl kaum der Hervorhebung, dass für alle physiologischen Processe, die in den Organismen sich abspielen, die genaueste Kenntniss der Quellungserscheinungen von hervorragender Wichtigkeit wird. Ueberall, wo wir Magazinirung organischer Materie in den Pflanzen beobachten, sehen wir dieselbe in der Form quellbarer Substanzen sich ablagern; überall, wo diese Stoffe zum Ausbau der Gewebe Verwerthung finden, vollziehen sich Aenderungen der Quellbarkeit, welche theils Festeres ausscheiden, theils zur Verflüssigung führen. Alle Wachsthumsvorgänge haben an quellbares Material anzuknüpfen; die quantitativ so vielfach variirenden Elasticitäts- und

Festigkeitsverhältnisse der Gewebe und ihrer Theile geben diesen allen das Gepräge quellbarer Substanzen. Die mechanischen Effecte, welche in der Anordnung der Gewebe ihren Ausdruck finden, basiren auf den Sätzen der Quellungserscheinungen; die hier obwaltende, ausserordentliche Verschiedenheit in der mechanischen Leistungsfähigkeit ist in hervorragender Weise durch die Verschiedenheit der Quellbarkeit bedingt. Jene Umformungen der Pflanze endlich, welche die Entwickelungsgeschichte von der Entstehung der Keimzellen an aufweist, vollziehen sich an gequollener und plastischer Materie; sowohl die Formung der Gewebe und Organe, als auch jene Wachsthumserscheinungen innerhalb der einzelnen Zelle, welche zu deren Theilung und Vermehrung führen, knüpfen sich an die auf chemischem Wege erfolgende Neubildung von Stoffen verschiedener Quellbarkeit als an ein bedeutungsvolles mechanisches Moment.

Eine Anzahl von Begriffen, beziehungsweise Ausdrücken, von denen einige bereits oben benutzt wurden, und welche mehr oder weniger häufig im Laufe dieser Abhandlung zur Verwendung kommen werden, mögen hier der bequemeren Uebersicht wegen eine tabellarische Aufzählung finden. Es ist zu verstehen unter

Quellungscoefficient die Zahl, welche ausdrückt, um wieviel ein quellbarer Körper bei der Aufnahme eines gegebenen Quantums von Wasser sich ausdehnt.

Quellungsmaximum die Ausdehnung, welche ein Körper besitzt, nachdem der Quellungsprocess eines in Wasser liegenden Körpers zum Stillstande gekommen ist.

Quellungscapacität die Zahl, welche angiebt, eine wie grosse Menge Wasser der Körper im Quellungsmaximum zu binden vermag.

Quellungsgrad die Verhältnisszahl von Wasser zu fester Substanz in einem beliebigen Stadium des Quellungsprocesses.

Quellungsdisgregation der Abstand der festen Theilchen eines gequollenen Körpers.

Quellungskraft die Kraft, welche übrig bleibt, wenn man von der absoluten Grösse der Anziehung der gegebenen festen Substanz zum Wasser die verschiedenen, in Betracht kommenden

Widerstände subtrahirt; thatsächlich also die Kraft, mit welcher quellende Körper das Wasser anziehen.

Quellungscurve die graphische Darstellung der Grösse, welche die Aenderung der Quellungskraft vom Anfang bis zum Ende des Quellungprocesses ausdrückt.

Quellungsphase die Ordinate der Quellungscurve, welche einem gegebenen Stadium des Quellungsprocesses entspricht.

Quellungsvermögen ein Begriff, darstellbar durch ein rechtwinkliges Dreieck, dessen eine Kathete die Anfangsordinate der Quellungscurve, dessen andere Kathete das Quellungsmaximum ist.

Unter gewissen Voraussetzungen können mehrere dieser Begriffe einander gleichwerthig werden; von dem Gange der Betrachtung wird es dann abhängen, ob dieselben promiscue gebraucht werden dürfen.

I. Allgemeine Veränderungen in den Eigenschaften quellender Körper.

I. Aenderung der Elasticität und der Festigkeit mit der Quellung.

Wenn ein homogen gedachter, quellbarer Körper Wasser aufnimmt, so vergrössert er dabei sein äusseres Volumen annäherud um die Grösse des aufgenommenen Wasservolums. Indem das Wasser nothwendig bestrebt sein muss, sich gleichmässig zwischen die feste Substanz des Körpers zu vertheilen, so wird die Quellungsdisgregation der Micellen hierdurch vergrössert werden; mit dieser zunehmenden Disgregation der festen Substanztheilchen und der gleichzeitigen Steigerung des Wassergehaltes müssen die ursprünglich im Körper vorhandenen elastischen und anderen Cohäsionseigenschaften eine gesetzmässige Aenderung erfahren, deren Grösse von dem Abstande der Micellen unter einander abhängig ist.

Bei nicht homogenen Körpern, wie sie uns für das Experiment allein zu Gebote stehen, würde der durch die Quellung hervorgerufene Totaleffect in Bezug auf die Aenderung der mechanischen Eigenschaften dieser Körper ein analoger sein, wenn die Quellungscoefficienten der Theile nicht allzusehr differiren; allein mancherlei secundäre Erscheinungen, wie z. B. die bei einem gewissen Quellungsgrade mögliche Bildung von wassererfüllten Vacuolen, müssen in der Gesetzmässigkeit der Cohäsionsänderung, wie sie bei homogen gedachten Körpern anzunehmen ist, Störungen hervorrufen. Immerhin erscheinen mir diese nicht ausschliessbaren Störungen z. B. bei der Quellung trockener *Laminaria* nicht so erheblich, dass nicht dennoch die hier bei der Quellung beobachteten Cohäsionsänderungen den Erscheinungen, welche eine wirklich homogene Substanz darbieten würde, in hohem Grade ähnlich sein sollten.

Den Beweis, dass die Gewebe der *Laminaria* auch im Stadium des Quellungsmaximums zu den festen Körpern zählen, liefert ihr vollkommen elastisches Verhalten; nach dieser Richtung dürfen wir daher die gequollene *Laminaria* in keiner Weise mit einem halbflüssigen Brei oder mit einer colloidalen Lösung vergleichen.

Wenn ich einen kurzen Streifen aus gequollenem *Laminaria*-Laube oder einen aus dem gequollenen Stamm herausgeschnittenen Stab mit dem einen Ende in einen Schraubstock festklemme, das andere freie Ende durch einen nur schwachen Druck aus seiner Lage verschiebe, so sehe ich dieses Ende nach Aufhören des Druckes genau in seine ursprüngliche Lage zurückkehren; verstärke ich den angewandten Druck, übertreibe ich die Biegung, so wird die ursprüngliche Stellung von dem Stabe nicht wieder erreicht, höchstens erst nach Verlauf einer gewissen Zeit wieder eingenommen. Vergleiche ich damit das Verhalten eines nicht gequollenen Stabes oder Plättchens von *Laminaria*, so ist bei diesem ein bedeutend grösserer Druck nothwendig, um dieselben überhaupt aus ihrer Lage zu bewegen, aber auch nach einer relativ beträchtlichen Biegung springen die Theile in ihre ursprüngliche Gleichgewichtslage zurück. Im lufttrockenen Zustande ist das Gewebe von *Laminaria* hartelastisch wie Stahl, Glas, trockenes Holz, Hartgummi, im gequollenen Zustande weichelastisch wie weicher Kautschuk, Haare, Leder.

Dass übrigens im Stamme wie im Laube von *Laminaria* die Elasticität eine nach verschiedenen Richtungen (Axen) ungleiche sein werde, dafür spricht zunächst der nach verschiedenen Richtungen ungleiche Quellungscoefficient, sodann auch die Analogie des Verhaltens der Hölzer; so fanden Wertheim und Chevandier[1]) z. B. für Tannenholz den Elasticitätsmodul in der Längsrichtung gleich 1113,2; in der Radialrichtung gleich 94,5; in der Tangentalrichtung gleich 34,1. Ebenso beobachteten diese Forscher bereits eine Zunahme der Elasticität des Holzes mit der Austrocknung.

Die Schwierigkeit, den Elasticitätsmodul von *Laminaria* nach allen drei Richtungen bestimmen zu können, hat mich vom Verfolg dieser Aufgabe absehen lassen, und beziehen sich die im Folgenden mitgetheilten Messungen ausschliesslich auf Stäbe, welche der Länge nach aus dem Innern von dicken *Laminaria*-Stämmen herausgeschnitten waren; es musste in erster Linie daran gelegen sein, festzustellen, welchen Aenderungen die Elasticität mit fortschreitender Quellung der Substanzen unterworfen sei.

Zum Zwecke dieser Ermittelung ward zunächst ein im Querschnitt rechteckiger Balken aus dem Innern eines trockenen Stammes von *Laminaria* vom Mechaniker derart bearbeitet, dass seine Dicke überall gleichmässig war. Mit dem einen Ende ward dieser Balken in einen festen Schraubstock eingeklemmt, am anderen freien Ende befand sich eine leichte Kerbe, auf welcher mittelst einer Schlinge aus Platindraht ein Gewichtstück aufgehängt werden konnte. Unmittelbar über der belasteten Querlinie war ein kleiner Stahlstift horizontal in die Substanz der *Laminaria* eingetrieben und dieser Stift mittelst eines eingehakten Platinfadens mit dem in jeder Hinsicht ausgezeichneten und zuverlässigen Messapparat von Zeiss[2]) in Verbindung gesetzt, so dass die Senkung der freien Spitze des *Laminaria*-Stabes durch ein angehängtes Gewicht unmittelbar aus der Drehung der Glasscheibe in Bruchtheilen des Millimeters abgelesen werden konnte. Der Platinfaden war durch ein Gewicht von 8 Gramm gespannt; ein Versuch lehrte, dass die Kraft dieses Gewichts durch die bei der Spannung des Fadens, der Drehung der Glasscheibe u. s. w. verrichtete Arbeit um den Betrag von 2 Gramm sich verminderte, wir also das Gewicht als Netto 6 Gramm schwer gelten zu lassen haben. Dies Spannungsgewicht des Messapparats

1) Comptes rendus 1846. pag. 663 ff.

2) Vgl. Bot. Zeit. 1876 No. 12 ff.

übt nun am freien Ende unseres Balkens einen der Schwere widerstrebenden Zug aus, es muss demnach von der thatsächlich angehängten Belastung in Abzug gebracht werden. Obwohl das Gewicht nur geringfügig ist, liess ich es doch vor Beginn der Messungen immer eine Zeit lang einwirken, damit auch unter seiner Einwirkung sich eine stabile Gleichgewichtslage herstellen möge. Mit dem Anfang des Versuches war jedenfalls auch von der geringfügigsten Aenderung durch dies zur Drehung der Scheibe dienende Gewicht nicht mehr die Rede.

Ward nun der Balken entsprechend belastet, so senkte sich seine Spitze momentan um einen gewissen Betrag, ward das angehängte Gewicht rasch entfernt, so kehrte der Balken, wie der Ausschlag der Skala des Messapparates lehrte, ebenso momentan in seine ursprüngliche Lage zurück. Allein schon wenn die Belastung nur wenige Secunden anhielt, so senkte sich die Spitze des Balkens in langsamerem, direct sichtbaren Tempo, und dies Tempo ward immer langsamer, zuletzt fast unmerklich; ward nunmehr die Belastung entfernt, so kehrte die Spitze nicht sogleich vollständig, sondern erst nach längerer Zeit in ihre ursprüngliche Lage zurück. Es ist das die Erscheinung der elastischen Nachwirkung, welche bei organischen Körpern allgemein sehr beträchtlich ist, und, wie hier gleich hervorgehoben sein mag, bei *Laminaria* proportional dem Wassergehalte wächst. Je stärker die Substanz gequollen ist, um so schwerer hält es, die Grenze zwischen elastischer Hauptdehnung und Nachdehnung genau zu bestimmen. Man ist dabei auf möglichst zahlreiche Beobachtungen angewiesen, die sich ja bei der so überaus bequemen Handhabung meines Messapparates in kürzester Frist wiederholen lassen, und habe ich, da die Hauptdehnung in die Nachdehnung bei gequollener Substanz sehr allmählig übergeht, denjenigen Punct als schliesslichen Punct der Senkung angenommen, von dem aus nach den meisten Beobachtungen noch die Spitze des Balkens binnen ganz kurzer Zeit in ihre ursprüngliche Lage zurückkehrte. Im übrigen suchte ich durch Berechnung der Mittelwerthe aus Beobachtungen unter variirten Bedingungen der Erkenntniss der wirklichen Elasticität möglichst nahe zu kommen; denn mehr als genäherte Werthe wird man bei der Natur der gequollenen Substanzen doch nicht erwarten dürfen.

Dass alle zur Anwendung kommenden Biegungen weit innerhalb der Elasticitätsgrenze bleiben müssen, braucht wohl kaum noch besonders hervorgehoben zu werden.

Versuch 1.

Die Länge eines aus lufttrockener *Laminaria* gearbeiteten Balkens betrug von seinem Fixationsquerschnitt bis zum Angriffspunct der Last 53 mm; der Querschnitt war quadratisch, die Seite des Quadrats gleich 6 mm.

Auf eine Belastung von 114 Gramm senkte sich die Spitze um 0,15 mm.

Hieraus berechnet sich der Elasticitätsmodul E nach folgender Formel[1]):

$$E = 4 \frac{P}{s} \frac{l^3}{a^3 b},$$

worin P die Belastung am freien Ende des Stabes in Kilogrammen, l seine Länge, a seine Höhe und b seine (horizontal gerichtete) Breite, s die Senkung der freien Spitze des Stabes in Millimetern bezeichnet. Für unsern Specialfall ist demnach

$$E = 4 \cdot \frac{0{,}114}{0{,}15} \cdot \frac{53^3}{6^4} = 351{,}7.$$

Der Versuch ward variirt mit der Belastung von 84 Gramm, wobei eine Senkung von 0,11 mm eintrat; hiernach beträgt

$$E = 4 \cdot \frac{0{,}084}{0{,}11} \cdot \frac{53^3}{6^4} = 349{,}3.$$

Aus beiden Varianten geht genähert hervor

$$E = 350.$$

Versuch 2.

An einem zweiten Stabe aus lufttrockener *Laminaria* betrugen

$$l = 49 \text{ mm}$$
$$a = 3{,}5 \text{ mm}$$
$$b = 4{,}0 \text{ mm}$$
$$P = 26 \text{ Gramm}$$
$$s = 0{,}15 \text{ mm}$$

$$E = 4 \cdot \frac{0{,}026}{0{,}15} \cdot \frac{49^3}{3{,}5^3 \cdot 4,} = 475{,}7.$$

1) Vgl. Kohlrausch, Leitfaden der practischen Physik p. 87.

Der Versuch ward variirt in folgender Richtung:

$$P = 36 \text{ Gramm}$$
$$s = 0{,}20 \text{ mm},$$

woraus folgt

$$E = 483{,}5.$$

Als Mittelwerth aus beiden Bestimmungen des Versuchs ergiebt sich

$$E = 479{,}6.$$

Versuch 3.

An einem dritten Stabe aus lufttrockener *Laminaria* betrugen

$$l = 62 \text{ mm}$$
$$a = 3{,}5 \text{ mm}$$
$$b = 3{,}5 \text{ mm}$$
$$P = 36 \text{ Gramm}$$
$$s = 0{,}50 \text{ mm}$$
$$E = 460{,}3.$$

Variirt

$$P = 16{,}0 \text{ Gramm}$$
$$s = 0{,}23 \text{ mm}$$
$$E = 456{,}5.$$

Im Mittel

$$E = 458{,}4.$$

Während für die einzelnen Individuen von *Laminaria* die beobachteten Werthe befriedigend übereinstimmen, so zeigt doch das Ergebniss des Versuchs 1 keine unbeträchtliche Abweichung von Versuch 2 und 3. Ein Grund für solche Schwankungen, wie überhaupt dafür, dass alle diese Bestimmungen sich dem thatsächlichen Sachverhalt nur mehr oder weniger nähern können, ist schon in dem Umstande gegeben, dass bei der Austrocknung der dicken *Laminaria*-Stämme die Gewebe sich ungleichmässig contrahiren; denn lässt man einen aus trockener Masse gearbeiteten rechtwinkligen Balken wieder quellen, so wird der Querschnitt desselben sehr bald mehr oder weniger unregelmässig.

Aber noch ein Punct ist in Rücksicht zu ziehen. Je älter und dicker ein *Laminaria*-Stamm ist, desto mehr Luft führt derselbe im Innern durch radiale Risse des Gewebes, desto niedriger muss also sein Elasticitätsmodul ausfallen. Nun war der in Versuch 1 beobachtete Balken aus einem sehr dicken und alten, die in Versuch 2 und 3 benutzten dagegen aus viel dünneren Stämmen gearbeitet, und daraus scheint sich mir zwanglos die gefundene Differenz zu erklären.

Wollen wir einen möglichst umfassenden Durchschnittswerth für die Elasticität lufttrockener *Laminaria*-Stämme haben, so können wir das Mittel aus allen drei Versuchen ziehen, danach betrüge

$$E = 430.$$

Soll dagegen die Elasticität aus festerer und compacterer *Laminaria* ermittelt werden, so ist es zweckmässig, nur das Mittel zu ziehen aus den Werthen der Versuche 2 und 3 mit

$$E = 468.$$

Wenn im Nachfolgenden die Elasticitätscoefficienten gequollener *Laminaria*, und zwar aus verschiedenen Quellungsphasen, mitgetheilt werden, so bitte ich dabei zu berücksichtigen, dass es für dieses Material noch viel schwieriger ist, absolut genaue Werthe zu erlangen. Um aber die einzelnen Beobachtungen unter einander möglichst vergleichbar zu machen, wurden sie an einem und demselben Stücke angestellt. Dieses befand sich bei der ersten Bestimmung des Elasticitätsmoduls im Quellungsmaximum; demselben ward hierauf durch Austrocknen eine gewogene Menge Wasser entzogen, dafür gesorgt, dass das restirende Wasser im Stücke sich gleichmässig vertheilte, und die Elasticität aufs Neue bestimmt, wobei etwaige durch Austrocknen entstandene Ungleichheiten der Dimensionen mit Messer und Feile beseitigt wurden, der Abfall aber wiederum bei den Wägungen berücksichtigt. Wegen des Anschlusses an die trockene Substanz folgen die Beobachtungen hier in umgekehrter Reihenfolge, als sie wirklich angestellt worden sind. Auch habe ich, um unnöthige Weitschweifigkeit zu vermeiden, nachdem die Methode der Untersuchung an der trockenen *Laminaria* hinreichend erläutert worden, hier nur die Resultate des Versuchs aufgenommen, das Detail der Beobachtungsprotocolle aber weggelassen.

Versuch 4.

In der folgenden Tabelle bedeutet W den Wassergehalt eines rechtwinkligen, aus gequollener *Laminaria* geschnitzten Balkens in Gewichtsprocenten der lufttrockenen Substanz, E den zugehörigen Elasticitätsmodul als Mittel aus vielen Bestimmungen.

W.	E.
40	24,5
90	9,0
140	3,0
230	1,7
350	1,5.

Aus diesen Beobachtungen geht hervor, dass die Elasticität im gequollenen Zustande eine erheblich geringere ist, als im nichtgequollenen, und dass diese Abnahme der Elasticität von dem Grade der Quellung abhängt [1]). Bringen wir uns die Minderung der elastischen Kraft in Form einer Curve zur Darstellung, deren Abscissen den Quellungsgrad (beziehungsweise den Procentgehalt der Substanz an Wasser), deren Ordinaten den Elasticitätsmodul bezeichnen (Taf. 4, Curve EE), so zeigt sich, dass diese Curve in einen sehr steil abfallenden ersten und einen ausserordentlich langsam abfallenden zweiten Schenkel sich gliedert.

Nach dieser Orientirung über die Aenderung der Elasticität bei der Quellung von *Laminaria* wollen wir versuchen, das specifisch Eigenthümliche, welches uns in dem elastischen Verhalten der *Laminaria*, wie der quellbaren Substanz überhaupt, entgegentritt, kurz zu beleuchten.

Es mag dabei zunächst an das Verhalten erinnert werden, welches elastischen Körpern im Allgemeinen eigen ist.

In allen vollkommen elastischen Körpern befinden sich die Theile gewissen Veränderungen gegenüber, welche durch die Einwirkung äusserer Kräfte an ihnen hervorgerufen werden, im stabilen Gleich-

---

1) Für die Gewebe des menschlichen Körpers hat schon Wertheim bemerkt: „Par la dessiccation, toutes les parties augmentent d'élasticité et de cohésion" (l. c. p. 1151 ff.).

gewicht, d. h. nach Wegfall der äusseren Kraft (z. B. einer Zugkraft) kehren die Theile genau in die Lage zurück, welche sie vor Einwirkung der Kraft besassen. Wächst aber die Zugkraft über einen gewissen Umfang hinaus, so geht der Zustand des stabilen Gleichgewichts in den des labilen über, d. h. nach Aufhören der Zugkraft verbleiben die Theile des Körpers in der ihnen durch die Kraft ertheilten neuen Lage oder sie kehren doch wenigstens nicht vollständig in ihre frühere Lage zurück. Man sagt dann, die Elasticitätsgrenze des Körpers sei überschritten.

Nicht blos durch eine geradlinig wirkende Zugkraft, sondern auch durch Biegung können wir in einem Körper die Ueberschreitung der Elasticitätsgrenze leicht hervorrufen. Dabei kommt die allgemein bekannte Thatsache zum Ausdruck, dass beim Eintritt der Biegung, wenn man den zu biegenden Stab als ein Bündel von parallelen, unverschiebbar an einander befestigten Fasern betrachtet, die auf der convex werdenden Seite gelegenen Fasern sich verlängern, die auf der concaven Seite gelegenen sich verkürzen müssen, während eine mittlere Faserschicht von stets constanter Länge übrig bleibt, welche man als neutrale Faser, die Curve, welche diese Faser darstellt, als elastische Linie bezeichnet. Die Längenänderungen der einzelnen Fasern verhalten sich dabei wie ihre Abstände von der neutralen Faser. Weil aber in elastischen Körpern die Spannung der Längenänderung proportional ist, so verhalten sich auch die Spannungen der einzelnen Fasern wie ihr Abstand von der neutralen Faser. In der convexen Seite des Stabes ist also die Spannung eine Zugspannung, in der concaven Seite eine Druckspannung.

Suchen wir nunmehr jede Faser in einem der Biegung unterworfenen Stabe als eine Reihe von Puncten mit ursprünglich gleichen Abständen zu betrachten, so müssen bei der Biegung diese Puncte in der neutralen Faser ihre Distanzen beibehalten, auf der convexen Seite dieselben erweitern, auf der concaven aber verkürzen und zwar nach Maassgabe der Form der elastischen Linie. Ist diese letztere ein Kreisbogen, so wird in jeder einzelnen Faser die Distanz der Puncte trotz ihrer Grössenänderung sich gleich bleiben, ist dieselbe eine davon abweichende Curve, so wird die Distanz um so ungleicher, je kleiner der Krümmungsradius ist.

Wenn wir jetzt untersuchen, wie ein aus trockener organisirter Substanz gefertigter Stab sich dieser Auffassung accomodire, so ist darüber Folgendes zu bemerken.

Wir haben uns vorzustellen, dass im lufttrockenen Zustande die Micellen durch Wasserhüllen von geringer Mächtigkeit von einander getrennt sind. Die Molecüle des Wassers sind durch die Anziehungskräfte der Micellen innerhalb dieser Wasserhüllen derartig fixirt, dass sie den in Betracht kommenden leichten Druckkräften gegenüber als nicht verschiebbar gelten können; wir können sie daher einfach als die festen Aussenschichten der Micellen ansehen, welche letztere unter einander durch Anziehungskräfte verbunden bleiben, die dem festen Aggregatzustande entsprechen, d. h. die Micellen schwingen als Ganzes um feste Gleichgewichtslagen.

Wären alle Micellen eines solchen Stabes von vollkommen gleicher Gestalt und Grösse, dazu isodiametrisch und vollkommen gleichartig gelagert, so müssten bei einer Krümmung die Micellen der convexen Seite nach Massgabe ihres Abstandes von der neutralen Faser ihre Distanzen alle gleich mässig erweitern, falls die elastische Linie ein Kreisbogen wäre; dabei ist noch die Vorstellung gestattet, dass, sobald die Micellen in ihrer wachsenden Distanz eine gewisse Grösse überschritten haben, Luft von Aussen her zwischen dieselben eintreten wird. Blieb die Biegung innerhalb der Elasticitätsgrenze, so wird die Luft bei der Geradestreckung des Stabes wieder ausgestossen; ward die Elasticitätsgrenze überschritten, so bleiben auch die Micellen dauernd durch die Luft von einander getrennt.

Allein diese Bedingungen einer überall gleichen Zugspannung in dem Stabe, eines in allen Theilen der einzelnen Faser gleichen Widerstandes können von der Substanz der trockenen *Laminaria* natürlich nicht erfüllt werden. Die Structur ist ungleichmässig, die Micellen sind unmöglich von gleicher Grösse, auch sicherlich nicht von gleicher Gestalt. Aus dieser Ungleichförmigkeit der Structur ist zu folgern, dass der Widerstand gegen die Biegung in den einzelnen Faserschichten kein gleichartiger sein könne, sondern dass Stellen grösseren Widerstandes mit solchen geringeren Widerstandes wechseln werden. Es ist ferner anzunehmen, dass die Stellen geringsten Widerstandes, in welchen die Micellen der am meisten convexen Fasern bei einer Biegung zunächst auseinanderweichen, mehr oder weniger lange Querlinien bilden werden, welche mit leichter Verschränkung einander fortsetzend, über die Breite des Stabes hinweglaufen, und dass zwischen diesen Querlinien, die bei der Krümmung zu Querspalten werden, grössere oder kleinere Substanzcomplexe sich befinden, in denen die Micellen ihren ursprünglichen Contact beibehalten. Die Stellen geringsten Widerstandes gegen Biegung müssen deswegen Querlinien sein, weil bei jeder andern Form dieser Stellen noch Abscheerungswiderstände zu überwinden sein würden. Dass einer geradlinig wirkenden Zugkraft gegenüber die Substanz der *Laminaria* sich durchweg analog verhalten würde, wie in den bei der Biegung convexen Fasern, bedarf wohl kaum noch der besondern Hervorhebung.

Wenn man unter Beobachtung gewisser Vorsichtsmassregeln das gequollene Laub von *Laminaria* trocknen lässt, so wird dasselbe hornartig hart, erlangt bedeutende Federkraft und ist wegen des vollkommenen Mangels an Luft im Innern so durchsichtig, dass man — mit Ausnahme der ganz dunkeln, zu stark absorbirenden Sorten — hindurchscheinende feine Schrift wie durch eine braune Glasplatte zu lesen vermag. Diese Eigenschaften sollen uns dazu dienen, um über die elastischen Qualitäten dieser Substanz einigen Aufschluss zu erhalten.

Versuch 5.

Wenn wir einen von parallelen Seiten begrenzten Streifen aus hart getrocknetem *Laminaria*-Laube herausschneiden, so können wir bei der Krümmung desselben der elastischen Linie die Form eines Kreisbogens geben, indem wir den Streifen der Oberfläche eines cylindrischen Glas- oder Metallstabes andrücken. Oder die elastische Linie gleicht mehr oder weniger einer Parabel, wenn wir den zu biegenden Streifen frei in den beiden Händen halten oder das eine Ende in einen Schraubstock klemmen, das freie Ende mit dem Finger herabdrücken; der Scheitel dieser Parabel, d. h. die Stelle der stärksten Krümmung, wird durch irgend einen Querstreifen des *Laminaria*-Stabes bezeichnet, dessen Lage willkürlich bestimmt werden kann, wenn man den Stab an einer Stelle beiderseits ein wenig einkerbt. So lange nun die Elasticitätsgrenze nicht überschritten wird, kehrt der Stab in allen diesen Fällen nach Aufheben der Biegung in seine ursprüngliche gerade Lage zurück.

Beobachtet man den Querstreifen der stärksten Krümmung am Stabe aufmerksam während des Biegens, so zeigt sich an demselben keine Aenderung des Aussehens, wenn die Biegung eine nur ganz leichte war. Biegt man stärker, so sieht man im durchfallenden Licht plötzlich einen dunkeln Schatten den Maximalstreifen der Krümmung hezeichnen; dieser dunkle Schatten verschwindet, sobald die Biegung aufhört. Im auffallenden Licht bemerke ich auf der concaven Seite keine Veränderung, auf der convexen Seite erscheint dagegen statt des dunkeln Schattens ein weisser Streifen, um auch mit dem Aufhören der Krümmung sofort wieder zu verschwinden. Vollziehe ich die Krümmung über der Oberfläche eines Cylinders von kleinem Radius, so tritt im auffallenden Licht plötzlich eine weisse Färbung über die ganze convexe Seite hervor, die ebenfalls bei der Geradestreckung wieder aufhört. Wenn ich endlich die Biegung so weit fortsetze, dass die Krümmung sich beim Aufhören der biegenden Kraft nicht wieder ausgleicht, dass die Elasticitätsgrenze der convexen Seite überschritten wird, so wird auch die weissliche Färbung der letzteren zu einer dauernden.

Eine entsprechende Weissfärbung im auffallenden und Dunkelfärbung im durchfallenden Lichte vermag ich endlich auch durch geradlinig wirkenden Zug in einem *Laminaria*-Streifen hervorzurufen.

Die Interpretation der soeben beschriebenen Thatsache verursacht keine Schwierigkeit. Bei der Dehnung weicht die Substanz auseinander und in die freien, hierdurch entstandenen Spalten tritt Luft — blieb die Dehnung innerhalb der Elasticitätsgrenze, so ward dic Luft bei der Geradestreckung wieder ausgestossen, ward die Elasticitätsgrenze überschritten, so blieben die lufterfüllten Spalten in der Substanz zurück, deren Festigkeit an der betreffenden Stelle dadurch gemindert sein muss.

Die mikroscopische Untersuchung lehrt, dass bei mässiger Biegung die Luft in überaus zahlreiche, feine und kurze Querspalten eindringt; ist die Elasticitätsgrenze überschritten, so werden diese Querspalten breiter und länger.

Wenn wir hiermit das Verhalten des *Laminaria*-Laubes im gequollenen Zustande vergleichen, so zeigt dasselbe bedeutende Abweichungen.

Die gequollene *Laminaria* ist unendlich viel biegsamer, als die trockene. Man kann einen Streifen um einen dünnen Stift mehrfach aufrollen, beim Abrollen zeigt sich die Elasticität unverändert, mit Leichtigkeit kann man den Streifen wieder gerade strecken. Weder im durchfallenden noch im auffallenden Lichte ist wahrzunehmen, dass bei starker Biegung auch nur eine Spur von Luft in die Interstitien der convexen Seite eintrete, und doch müssen wir auch hier aus mechanischen Gründen die Erzeugung ähnlicher Spalten folgern, wie sie in der trockenen Substanz vorkommen. Dass diese Interstitien nicht sichtbar werden, kann nur darin seinen Grund haben, dass sie gleich bei ihrer Entstehung mit Wasser sich füllen, mit Wasser, welches unzweifelhaft aus der comprimirten, concaven nach der gedehnten convexen Seite sich hinüber bewegte und zunächst wohl dem Zellinnern der concaven Seite entstammt; hört die Biegung auf, so vertheilt sich das Wasser wieder gleichmässig im Gewebe. War in trockener *Laminaria* durch vielfache Biegungen und Zerrungen an zahlreichen Stellen eine Ueberschreitung der Elasticitätsgrenze vorgekommen, was sich an der weissen Färbung zu erkennen giebt, so wird aus solchen Stücken durch den Quellungsprocess die eingedrungene Luft wieder ausgetrieben. Lässt man ein derartiges Stück dann wieder austrocknen, so ist im trockenen Zustande das ursprüngliche Elasticitätsverhältniss wieder hergestellt, d. h. es sind keine luftführenden Interstitien mehr vorhanden, falls nicht übergrosse Zerrungen oder Knickungen da waren.

Es ist oben gezeigt worden, dass bei der Quellung die *Laminaria* im Anfang eine rapide Abnahme des Elasticitätsmoduls aufweist, welche denselben dem Minimum schon nahe bringt, dass von einem gewissen Puncte an — dem Scheitel der Curve — die Abnahme höchst allmählig vor sich geht. Ich glaube, diese Erscheinung findet ihre Erklärung darin, dass am Scheitelpunct der Curven sich das Innere der Zellen bereits so ziemlich mit Wasser gesättigt hat, und da wir für Wasser — wenigstens einer Zugkraft gegenüber — den Elasticitätsmodul gleich Null setzen können, so muss hierdurch das ganze System eine ungemeine Schwächung seiner elastischen Widerstandskraft erfahren, selbst wenn die Zellwände noch verhältnissmässig elastisch sind.

Abgesehen von diesem Moment, durch welches bei der Quellung die gröblichste Aenderung der Elasticität hervorgerufen wird, wird ferner die Elasticität herabgesetzt durch die Vergrösserung der Abstände der Micellen in den Zellwänden. Durch den Quellungsprocess erfährt die Substanz eine ganz ausserordentliche Dehnung, die, wenn sie durch eine entsprechende Zugkraft am trockenen Körper bewirkt werden sollte, niemals zu erreichen wäre, weil längst vorher Zerreissung eintreten müsste.

Dennoch ist die Beantwortung der Frage, ob bei *Laminaria* durch den Process der Quellung die ursprüngliche Elasticitätsgrenze der Substanz überschritten werde, keine ganz einfache.

Halten wir uns an die Definition, welche oben an die Spitze dieser Betrachtungen gestellt wurde, dass, so lange ein Körper im stabilen Gleichgewicht verharre, so lange er nach Aufhebung der Form verändernden Kräfte in seinen ursprünglichen Molecularzustand zurückkehre, die Formänderungen innerhalb der Elasticitätsgrenze liegen, so ist dazu in Betreff der Quellungserscheinungen Folgendes zu bemerken. Wenn ich Form und Volumen eines trockenen, quellbaren Körpers zusammen mit a bezeichne, so vermag ich durch den Quellungsprocess dieses a in die Grösse a + b überzuführen; entziehe ich dem Körper das aufgenommene Wasser durch Austrocknung, so zieht er sich wieder auf sein ursprüngliches a zusammen; obgleich im Zustande a + b die Elasticität völlig geändert war, so ist sie im zweiten a doch wieder die gleiche, wie im ersten a; der Körper verharrte in Bezug auf seine Elasticität also im stabilen Gleichgewicht.

Aus dieser Thatsache geht hervor, dass die Frage nach der Elasticitätsgrenze in der obigen Fassung gar nicht gestellt werden darf, weil der gequollene Zustand mit dem ungequollenen in dieser Hinsicht nicht vergleichbar ist. Nur für eine bestimmte Quellungsphase kann die Lage der Elasticitätsgrenze in Frage kommen, denn in jeder Phase ist die Elasticität, mithin auch die Lage der Elasticitätsgrenze eine andere. Auf die einzelnen Phasen bezogen ist während der Quellung sowohl als auch während der Schrumpfung das

Gleichgewicht der Substanz ein labiles, bei jedem Schritt dieser beiden correlativen Processe ändern sich Elasticität und Elasticitätsgrenze, der alte Zustand verschwindet, ein ganz neuer tritt an seine Stelle. Wenn wir aber den ganzen Vorgang vom Aufquellen eines trockenen Körpers bis zum Maximum und die Rückkehr durch Wasserverlust zum trockenen Zustand als eine Schwingung auffassen, so bleibt im Ganzen das Gleichgewicht ein stabiles. Von einer Ueberschreitung der Elasticitätsgrenze durch den Quellungsprocess, wie sie z. B. durch Zug in einem Eisendraht hervorzurufen ist, kann bei den organisirten Körpern keine Rede sein.

Ausser der Elasticität erfahren auch die übrigen Cohäsionserscheinungen organisirter Körper bemerkenswerthe Aenderungen durch den Quellungsprocess.

Die noch ins Auge zu fassenden Eigenschaften der quellbaren Substanz — die auch hier ausschliesslich durch *Laminaria* vertreten sein möge — sind ihre Geschmeidigkeit und ihre Festigkeit. Beide Eigenschaften scheinen sich beim Aufquellen in gleichem Schritte zu ändern.

Zunächst können wir die Geschmeidigkeit und Festigkeit gegen Biegung, wie sie uns im gequollenen und ungequollenen Zustand entgegentritt, der Betrachtung unterziehen.

Wenn wir einen Stab aus trockener *Laminaria* mit der Hand einbiegen, so folgt er unserem Druck mit erheblichem Widerstande und bricht endlich unter Geräusch mit nicht gerade ebener, aber auch nicht splitternder Bruchfläche in zwei Stücke; der Stab ist also relativ spröde. Befindet sich ein solcher Stab, der nicht zu dick ist, oder ein Streifen aus dem Laube, im Quellungsmaximum, so kann man ihn um den Finger wickeln, ohne dass er zerbricht, seine Geschmeidigkeit ist so gross geworden, dass die Biegungsfestigkeit sich numerisch gar nicht mehr bestimmen lässt. Die Festigkeit gegen Biegung, wie sie in der trockenen und wie sie in der gequollenen Substanz uns entgegentritt, sind daher kaum mit einander vergleichbar, und muss daher von jeder Messung der Biegungsfestigkeit und Biegsamkeit abgesehen werden.

Besser gelingt die genauere Ermittelung der Aenderung, welche Geschmeidigkeit und Festigkeit einer Zugkraft gegenüber bei der Quellung erkennen lassen.

Um den Unterschied zunächst in der Dehnbarkeit zwischen trockener und gequollener Substanz zu zeigen, mag folgender Versuch genügen.

Versuch 6.

Ein Streif aus dem trockenen Laube von *Laminaria* besass die Länge[1]) von 83 mm, die Breite von 8 mm und die Dicke von 0,1 mm. Derselbe ward mit dem einen Ende in einen Schraubstock befestigt, am anderen Ende ward durch eine Klemmschraube eine Last von 400 Gramm angehängt. Der Streif dehnte sich auf 85 mm aus; nach Entfernung der Last verkürzte er sich momentan auf 84 mm, nach 5 Minuten auf 83,5 mm.

Versuch 7.

Ein Streif aus der gleichen Substanz, aber gequollen, besass die Länge von 92 mm, die Breite von 10 mm und die Dicke von 0,45 mm; mit 400 Gramm belastet, dehnte sich derselbe zur Länge von 114 mm. Bei Entfernung des Gewichts verkürzte er sich momentan auf 109 mm, nach 5 Minuten auf 107 mm.

Wir können nun ganz analog der Bestimmung des Elasticitätsmoduls aus diesen Daten für die beiden Versuche einen Dehnungscoefficienten berechnen, wenn wir denselben als das Verhältniss zwischen der ursprünglichen Länge des Streifens und seiner Verlängerung auffassen. Bezeichnet L die Länge des Streifens, Q seinen Querschnitt, l die durch das Gewicht P hervorgebrachte Verlängerung, so ist für den trockenen Streifen der Dehnungscoefficient:

$$D = \frac{l \,.\, Q}{L \,.\, P.}$$

$$D = \frac{2 \,.\, 0{,}8}{83 \,.\, 0{,}4} = 0{,}05.$$

Für die gequollene *Laminaria* beträgt der Dehnungscoefficient dagegen:

$$D = \frac{22 \,.\, 4{,}5}{82 \,.\, 0{,}4} = 3{,}0,$$

1) Darunter ist natürlich die freie Strecke zu verstehen; thatächlich war der Streif länger.

wobei die Einheit des Querschnitts das Quadratmillimeter, die Gewichtseinheit das Kilogramm darstellt. —

Möglich ist ferner die experimentelle Bestimmung der Zugfestigkeit sowohl bei trockener, als auch bei gequollener *Laminaria*. Aus zahlreichen Bestimmungen wähle ich als Beispiel nur diejenige, wo ich die höchsten Werthe für den Festigkeitscoefficienten gewonnen habe, weil diese der Wirklichkeit am nächsten kommen muss. Oft beobachtet man allerdings schon Zerreissungen bei viel geringerer Belastung, allein dieselben rühren von Fehlstellen im Gewebe her; wollte man solche Fälle zur Berechnung von Mittelwerthen benutzen, so würden daraus nur bedeutende Fehler in die Bestimmung hineingetragen werden.

Versuch 8.

Ein Streifen aus trockenem *Laminaria*-Laube ward mit einem Ende in einen Schraubstock fixirt; am anderen Ende war eine Wagschale mittelst Klemmschraube befestigt, welche durch Gewichtstücke belastet werden konnte.

Der Balken besass die Breite von 4, die Dicke von 0,1 Millimeter, also den Querschnitt von 0,4 Quadratmillimeter.

Derselbe zerriss bei einer Belastung von 4 Kilogramm.

Versuch 9.

Ein gequollener Streifen aus dem Laube von *Laminaria*, welcher 300 Procent Wasser aufgenommen hatte, eine Breite von 5 mm, eine Dicke von 0,4 mm, mithin einen Querschnitt von 2 Quadratmillimeter besass, zerriss bei einer Belastung von 2 Kilogramm.

Bedeutet Q den Querschnitt des Balkens, P das angehängte Gewicht, so beträgt der Festigkeitscoefficient des trockenen *Laminaria*-Laubes

$$\mu = \frac{P}{Q} = \frac{4,0}{0,4} = 10.$$

Für die gequollene Substanz ist der Festigkeitscoefficient

$$\mu = \frac{2}{2} = 1.$$

Während somit bei einer Wasseraufnahme von rund 300 Procent die Dehnbarkeit eines *Laminaria*-Streifens um das 60fache sich erhöhte, sank die Zugfestigkeit auf ein Zehntel der Zugfestigkeit herab, welche die trockene Substanz besass. —

Es erübrigt nunmehr noch die Betrachtung der Cohäsionsverhältnisse, wie sie sich der Einwirkung von Druck gegenüber gestalten, wenn ein quellbarer Körper Wasser aufnimmt.

Für einen sehr spröden Körper, wie Marmor, Gusseisen u. s. w., ist die Bestimmung der rückwirkenden Festigkeit mit keiner Schwierigkeit verbunden: man misst den Druck, welcher für die Flächeneinheit nothwendig ist, um die Substanz zu zertrümmern, zu zersplittern. Für die organisirte Substanz, speciell für die allein hier untersuchte *Laminaria* ist die Aufgabe complicirter, weil auch im lufttrockenen Zustande dieser Körper einen hohen Grad von Geschmeidigkeit, von Ductilität und Plasticität besitzt. Es gelingt daher leicht, denselben in eine beliebige Form durch Druck hineinzupressen — allein eine Zersplitterung ist nicht zu erreichen, sondern nur eine Quetschung, bei welcher radiale Risse in dem gequetschten Körper auftreten. Immerhin ist es aber möglich, nachzuweisen, wie diese Eigenschaften der Druckfestigkeit und der Ductilität mit zunehmendem Wassergehalt sich ändern. Es wurden zu diesem Zwecke aus *Laminaria*-Stämmen, welche sich in verschiedenen Quellungsphasen befanden, kleine Cylinder von 50 Millimeter Grundfläche und durchgehends 4 Millimeter Höhe geschnitten und zur Bestimmung ihrer Cohäsion gegen Druck entweder durch eine Druckkraft gegen eine ebene Metallfläche gepresst, oder, und dies Verfahren erwies sich als das lehrreichere, gegen eine Metallfläche, welche eine Durchbohrung von 3 Millimeter Durchmesser besass.

Die hierzu nothwendigen Druckkräfte wurden zunächst durch eine Presse von folgender Construction erzielt (Taf. 2, Fig. 4). Ein starker, an beiden Enden sich verjüngender Stahlcylinder A B ist vertical beweglich in der Messinghülse M N. Der Fuss des Cylinders bei B ist abgestutzt und besitzt eine ebene Grundfläche von 50 Quatratmillimeter; der Kopf bei A ist gerundet und wird von einem gleichfalls gerundeten Druckstück des Hebels A C berührt, beziehungsweise nach unten gepresst. Dieser Hebel A C kann durch Gewichtstücke, welche an den verschiebbaren Träger F angehängt werden, in verschiedenster, leicht ersichtlicher Weise belastet werden. Hänge ich z. B. an No. 10 ein Gewicht von 10 Kilogramm, so steht der Cylinder AB unter einem Druck von 100 Kilogramm, abgesehen vom Gewicht der Theile des Apparates.

Bei B dringt der Cylinder AB entweder in eine kurze Bohrung des gleichen Calibers hinein, oder er trifft gegen eine Bohrung von geringerem Durchmesser oder auf eine solide Stahlplatte, je nachdem man einen ausgebohrten oder intakten Stahlklotz als Unterlage anwendet.

Am Cylinder AB ist noch der Hebelarm p angeschraubt, um durch einen Platinfaden mit einem Messapparat in Verbindung gesetzt werden zu können; bei den unten mitgetheilten Versuchen ist dies Verfahren aber nicht benutzt worden, sondern es wurde die Dicke der *Laminaria*-Platten stets mit dem Fühlhebel (2, 1) bestimmt.

Wie bereits bemerkt, stellte es sich als zweckmässig heraus, die *Laminaria*-Cylinder gegen eine durchbohrte Metallplatte zu pressen, welche einem soliden Ambos auflag. Hierbei ward die Substanz nur comprimirt, sofern sie nicht über dem Bohrloche lag — in letzteres ragte ein je nach der Festigkeit des Körpers und der Höhe des angewandten Druckes relativ verschieden langer Zapfen hinein, wenn man den Druck aufhören liess. Die absolute Länge des Zapfens war immer nahezu die gleiche, wie die ursprüngliche Höhe des *Laminaria*-Cylinders; das Verhältniss seiner Länge zur Dicke des comprimirten Randes lieferte ein Maass für die Festigkeit. War der Druck sehr hoch, so quoll die Masse des Randes seitlich fast ganz unter dem Stempel der Presse hervor, man konnte dann die Dicke des Randes gleich Null setzen, weil der im Bohrloch befindliche Zapfen der Substanz von der peripheren Masse gänzlich abgetrennt war.

Bei diesem Verfahren kommt nicht allein die Druckspannung des Körpers, d. h. der Widerstand gegen Druck in Betracht, sondern auch der Widerstand gegen Abscheerung, insofern bei dem Hineinpressen eines Theils des *Laminaria*-Cylinders in ein Bohrloch, während der Rand ein vollkommen festes Widerlager findet, die Substanztheilchen gegen einander verschoben werden.

Die im Folgenden mitgetheilten Versuche beschränken sich auf die Beantwortung der allgemeinen Frage, wie Druckkräften gegenüber mit zunehmender Quellung die Verschiebbarkeit der Substanztheilchen sich steigert — woraus eine Verminderung der rückwirkenden Festigkeit, eine Erhöhung der Geschmeidigkeit resultirt.

Versuch 10.

In der folgenden Tabelle bezeichnet die erste Columne den Quellungsgrad (d. h. Wassergehalt in Procenten der lufttrockenen Substanz) des angewandten *Laminaria*-Cylinders von 50 mm Grundfläche und 4 mm Höhe; in der zweiten Columne ist der angewandte Druck namhaft gemacht in Kilogrammen, in der dritten in Atmosphären, in der vierten das Verhältniss der Höhe des in das Loch getriebenen Zapfens zu der Höhe des comprimirten Theiles des *Laminaria*-Cylinders gemessen in Hundertelmillimetern; der Nenner (1) bedeutet eine völlige Zerquetschung des letzteren, so dass der Zapfen sich von dem comprimirten Ringe löste.

Quellungsgrad	Druck		Verhältniss der Compression
	in Kilogrammen	in Atmosphären	
300 %	10	20	$\frac{40}{6}$
desgl.	20	40	$\frac{40}{1}$
240 %	20	40	$\frac{40}{5}$
desgl.	50	100	$\frac{40}{1}$
140 %	30	60	$\frac{40}{6}$
desgl.	50	100	$\frac{40}{1}$
75 %	50	100	$\frac{40}{6}$
desgl.	70	140	$\frac{40}{3}$
desgl.	100	200	$\frac{40}{1}$
25 %	100	200	$\frac{40}{4}$
15 %	100	200	$\frac{40}{20}$
0 %	100	200	$\frac{40}{34}$

Sehen wir ab von denjenigen Brüchen in der vierten Columne, deren Zähler 1 ist, so können wir einen Coefficienten für die Verschiebbarkeit der Theile gewinnen, wenn wir die beobachteten Brüche zu der Höhe des angewandten Druckes in ein Verhältniss setzen. Um einen genäherten Ausdruck für die Festigkeit zu erhalten, werden wir die Brüche durch die Druckhöhe dividiren; die Aenderung der Geschmeidigkeit ist dann aus den Brüchen — deren Zähler überall gleich 1 gesetzt — direct, die Aenderung der rückwirkenden Festigkeit aus deren reciproken Werthen zu ersehen.

Quellungsgrad	Geschmeidigkeit	Festigkeit gegen Druck
300 %	$\frac{1}{3}$	3
240 %	$\frac{1}{5}$	5
140 %	$\frac{1}{9}$	9
75 %	$\frac{1}{12}$	12
25 %	$\frac{1}{20}$	20
15 %	$\frac{1}{100}$	100
0 %	$\frac{1}{170}$	170

In diesen Zahlen zeigt sich für die quellende Substanz eine Abnahme der Festigkeit gegen Druck, welche mit der Abnahme der Elasticität Aehnlichkeit besitzt; in entsprechender Weise steigert sich dagegen die Geschmeidigkeit.

Zu diesen Beobachtungen gehört Curve FF auf Taf. 4.

2. Aenderung der Quellungskraft.

Nach dieser Orientirung über die Veränderungen, welche in den allgemeinsten mechanischen Eigenschaften der Substanz durch die Quellung hervorgerufen werden, ist es nöthig, die Aenderung ins Auge zu fassen, welche die Anziehungskraft der trockenen Substanz zum Wasser im Verlaufe der Quellung erleidet.

Bei jeder Anziehung, die als Function der sich anziehenden Massen wirkt, muss eine Abnahme der Zugkraft mit der Entfernung vom Attractionscentrum erfolgen. Dass das Verhältniss der Anziehung zwischen quellenden Micellen und Wasser dem Newton'schen Gesetze sich anpasse, darf von vorn herein zur Voraussetzung nicht erhoben werden; denn die Anziehung der vegetabilischen Substanz ist keineswegs gegen alle Flüssigkeiten die gleiche; sie ist gering gegen Alcohol, bedeutend gegen Wasser, noch grösser gegen Alcalien und Säuren. Kommt aber Variation in der Grösse der Anziehung vor, so kann sie auch in der Qualität derselben bestehen.

Directe Messung der von der trockenen organisirten Substanz auf Wasser ausgeübten Anziehung entzieht sich dem Bereiche der Möglichkeit, denn nur an einer isolirten Micelle würde sie durchführbar sein, die wir uns mit Wasser in Berührung tretend vorstellen können. In einem unmessbar kurzen Zeittheilchen würde diese Micelle das Wasser als Hülle um sich gruppiren: und nur wenn wir diesen minutiösen Zeitraum in Zeitdifferentiale auflösen und die den Wassertheilchen in diesen Zeitdifferentialen ertheilte Beschleunigung messen könnten, würde daraus die Anziehung der Trockensubstanz zum Waser zu bestimmen sein. Denn in jedem grösseren Stücke Substanz, selbst wenn es nur aus zwei verbundenen Micellen gebildet wäre, würden wir bei der Bestimmung der Geschwindigkeit der Wassertheilchen immer nur die Wirkung einer Kraftresultante messen können, einer Resultante aus der Anziehung der trockenen Substanz gegen Wasser und der hierbei als Widerstand wirkenden Anziehung der Micellen gegen einander. Schon bei einem aus nur zwei Micellen bestehenden Stückchen ist Wasseranziehung nicht mehr denkbar, ohne dass die complicirtere Wirkung der Quellung sich geltend macht.

Nur die Curve der Kraft, mit welcher sich die Quellung vollzieht, würde daher für minimale Mengen organisirter Substanz eine Messung zulassen, wenn wir z. B. die Geschwindigkeit des Aufquellens in den einzelnen Zeittheilchen bestimmen. Allein etwas grössere Substanzmengen, welche allein der experimentellen Untersuchung zugänglich sind, gestatten nicht mehr, aus der Geschwindigkeit des Aufquellens in der Zeiteinheit einen directen Schluss auf die Beschaffenheit der Quellungskraft zu ziehen, oder dieser Schluss vermag doch nur Anspruch auf grössere oder geringere Annäherung zu erheben.

Wir haben Grund zu der Annahme, dass die Quellung eines nur aus zwei Micellen bestehenden Körpers bis zum Maximum sich in einem unmessbar kleinen Zeittheilchen vollenden werde. Selbst noch in den allerkleinsten Fragmenten trockener organisirter Substanz, deren Aufquellen wir unter dem Mikroskop beobachten, tritt die Erscheinung für unser Auge mit einem Schlage ein. Allein schon bei etwas grösseren Schnitten, z. B aus Stärkekörnchen heraus, sehen wir, nachdem der grösste Theil der Quellungsphasen momentan durchlaufen, die letzten Phasen noch in messbarer Verlangsamung gleichsam nachschleppen, eine Erscheinung, die im ersten Abschnitte als **Nachwirkung** der Quellung bezeichnet wurde. Diese Nachwirkung lässt sich dadurch erklären, dass, indem die Grösse der Quellungskraft α mit den Quellungsphasen abnimmt, die Widerstände der Quellung (unter denen besonders die sich den Wassertheilchen entgegenstellenden Reibungswiderstände in Betracht kommen), schliesslich der Kraft α sich nähern; die Quellung hört auf, sobald beide Kräfte einander gleich geworden sind.

Die Grösse dieser Widerstände wächst natürlich mit der Grösse der quellbaren Körper, ebenso auch die Dauer des Quellungsprocesses, so dass z. B. trockene, geschälte Erbsen mehrere Stunden nöthig haben, um das Maximum zu erreichen. Die Geschwindigkeit der Quellung ist in solchen Fällen abhängig a) von der specifischen Quellungsgeschwindigkeit der Substanz, b) von der Form des Körpers, ob zertheilt, ob compact, und c) von der Anzahl der Berührungspuncte mit Wasser. Steht z. B. eine Erbse nur an einer kleinen Stelle mit Wasser in Berührung, so sind die Widerstände grösser, welche das Wasser auf seinem Wege von der Berührungsstelle nach den entlegenen Puncten der Erbse hin zu überwinden hat, als wenn die Erbse mit ihrer ganzen Oberfläche in Wasser taucht, die Quellung wird sich daher im letzteren Falle viel rascher vollziehen, als im ersteren; um endlich die Quellung möglichst zu beschleunigen, würde es rathsam sein, die Erbse im trockenen Zustande zu pulverisiren.

Wegen der bedeutenden Widerstände lässt sich an so grossen Körpern der normale und characteristische Gang der Quellung nur schwierig nachweisen, eher gelingt dies an geeigneten Objecten von grosser Oberfläche, welche das Gewicht von wenigen Milligrammen nicht überschreiten, dem Wasser dadurch relativ viele Angriffspuncte darbietend. In diesen Körpern, deren sogleich einer vorgeführt werden soll, sind die Widerstände noch nicht so bedeutend, dass nicht die der Quellungskraft der Substanz entsprechende abnehmende Quellungsgeschwindigkeit scharf hervortreten könnte, diese Körper geben uns ein modificirtes Abbild des Verhaltens eines aus nur zwei Micellen bestehend gedachten Systems; wir können sie als eine Summe solcher Micellenpaare auffassen, die Quellungswiderstände wirken nicht wesentlich verundeutlichend, sondern nur verlangsamend auf den Process ein, hierdurch uns eine Vorstellung von seiner specifischen Bewegungsart gewährend.

Versuch 11.

Auf eine horizontal stehende, ebene Metallfläche ward ein kleiner kreisrunder Ring aus getrocknetem Laube von *Laminaria digitata* gelegt. Die Dicke des Ringes betrug 0,120 Millimeter, seine Breite 1 Millimeter, auf denselben ward ein cylindrisches Gewichtsstück aus Messing, dessen Grundfläche den *Laminaria*-Ring um etwa 1 Millimeter überragte, gestellt und durch einen feinen Platindraht mit dem Seite 45 ausführlicher erwähnten Messapparat in Verbindung gesetzt. Das Messingstück wog 20,0 Gramm, eine gegen die Quellungskraft der *Laminaria* verschwindend kleine Last. Brachte man an die Basis des Gewichtsstückes Wasser, so füllte dies sofort den zwischen demselben und der Unterlage befindlichen capillaren Raum, trat mit dem *Laminaria*-Ringe in Verbindung und die Quellung des letzteren begann. Die Ablesungen wurden zunächst in Intervallen von 30 zu 30 Secunden ausgeführt, die folgenden Zahlen ergeben für diese Zeiteinheit die successive Zunahme der Höhe des Ringes in Bruchtheilen des Millimeters:

0,055		0,001
0,050		0,002
0,045		0,001
0,010		0,002
0,006		0,001
0,004		0,002
0,004		0,001
0,003		0,002
0,002		0,002
0,003		0,001
0,003	Nach weiteren 5 Minuten:	0,013
0,003	Nach 5 Minuten:	0,011
0,003	Nach 10 Minuten:	0,024
0,003	Nach 20 Minuten:	0,034
0,002	Nach 6 Stunden:	0,391.
0,001		

Die Gesammtdicke des Ringes betrug nunmehr 0,800 Millimeter.

Versuch 12.

Der Versuch ward mit einem anderen *Laminaria*-Ringe von gleicher Beschaffenheit wiederholt; die Ablesungen wurden zunächst nach 30 Secunden, dann nach 60 Secunden, endlich in grösseren Zeitintervallen vorgenommen.

Dickenzuwachs nach 30 Secunden:	0,080
	0,070
	0,060
	0,026
	0,021
nach 60 Secunden:	0,044
	0,029
	0,021
	0,024
	0,035

0,020		0,010
0,019		0,006
0,013		0,007
0,011	nach 5 Minuten:	0,025
0,011		0,017
0,010	nach zwei Stunden:	0,105.
0,006		

Gesammtdicke des Ringes nach dem Versuch betrug 0,790 Millimeter.

Beide Versuche, unter gleichen Bedingungen und bei gleicher, constanter Temperatur (14°) angestellt, zeigen zunächst die sehr bemerkenswerthe Verschiedenheit, dass in Nr. 2 bereits in 3½ Minuten ein Dickenzuwachs erreicht war, zu dessen Erlangung in Nr. 1 53 Minuten nothwendig gewesen waren. Es hängt dies zweifellos mit Widerständen gegen die Quellung zusammen, die ausserhalb sicherer Controle fielen, wahrscheinlich aber darin bestehen dürften, dass in Versuch 1 nur ein kleineres Stück des *Laminaria*-Ringes wirklich durch das Wasser benetzt worden war, während die Benetzung im zweiten Falle vollständig gelang. Die Ergebnisse beider Versuche stimmen aber darin überein, dass in der trockenen Substanz bei Berührung mit Wasser die Quellungsgeschwindigkeit mit einem sehr hohen Werthe einsetzt, welcher anfangs rasch, dann langsamer fällt und in continuirlicher Abnahme bis auf den, dem Quellungsmaximum entsprechenden Nullpunct herabsinkt.

Es ist aus dieser Thatsache eine der Geschwindigkeit entsprechende Abnahme der Quellungskraft zu folgern.

Ist dies der Fall, so muss um die einzelnen Micellen der organisirten Substanz die Dichtigkeit des Wassers von Innen nach Aussen abnehmen.

Versuch 13.

Um dem Wasser möglichst viele sichere und constante Angriffspuncte zu gestatten, ward ein Scheibchen aus *Laminaria*-Laub, dessen Dicke 0,100 Millimeter, dessen Fläche 50 □Millimeter und dessen

Gewicht 6 Milligramm betrug, unter den Kolben des Oedometers[1]) gelegt, wodurch der ganzen Fläche desselben durch die zahlreichen Durchbohrungen des Kolbens gleichzeitig Wasser zugeführt wurde. Die Belastung durch den Kolben des Instrumentes betrug 120 Gramm, eine immerhin noch sehr unbedeutende Last, obgleich das Zwanzigtausendfache des Gewichts der quellenden Substanz ausmachend. Temperatur während des Versuchs 16,0°; die Ablesungen geschahen sämmtlich in Intervallen von je 30 Secunden, und giebt die erste Columne der nachfolgenden Tabelle die direct am Messapparat abgelesenen Zuwachse der Höhe des Plättchens von Anbeginn des Versuchs, die zweite Columne den Zuwachs für das betreffende Zeitintervall, wie beim vorigen Versuch. Die Maasse sind auch hier als Bruchtheile des Millimeters zu verstehen.

Absolut. Zuwachs.	Relat. Zuwachs.	Absolut. Zuwachs	Relat. Zuwachs.
0,021	0,021	*0,232	*0,008
0,040	0,019	*0,238	*0,006
0,055	0,015	*0,243	*0,005
0,070	0,015	*0,248	*0,005
0,083	0,013	*0,253	*0,005
0,096	0,013	0,260	0,007
0,108	0,012	0,267	0,007
0,119	0,011	*0,273	*0,006
0,130	0,011	0,280	0,007
0,140	0,010	0,286	0,006
0,150	0,010	0,292	0,006
0,160	0,010	0,297	0,005
0,170	0,010	0,302	0,005
0,180	0,010	0,307	0,005
0,188	0,008	0,312	0,005
*0,195	*0,007	0,317	0,005
*0,202	*0,007	0,322	0,005
*0,210	*0,008	0,327	0,005
*0,217	*0,007	0,331	0,004
*0,224	*0,007	0,335	0,004

1) Die Beschreibung dieses Instruments findet sich unten Seite 43 u. f.

Absolut. Zuwachs.	Relat. Zuwachs.	Absolut. Zuwachs.	Relat. Zuwachs.
0,339	0,004	0,366	0,003
0,343	0,004	0,369	0,003
0,346	0,003	0,372	0,003
0,349	0,003	0,374	0,002
0,352	0,003	0,376	0,002
0,355	0,003	0,378	0,002
0,357	0,002	0,380	0,002
0,360	0,003	0,382	0,002
0,363	0,003	0,384	0,002.

Der Versuch ward hier abgebrochen, weil mir die gewonnenen Zahlen zur Demonstration des Gesetzes der sinkenden Quellungsgeschwindigkeit auszureichen schienen. Die einzige erwähnenswerthe Abweichung von einer continuirlich, aber stufenweise sich vermindernden Geschwindigkeit des Quellungsprocesses ist in den mit einem Sternchen versehenen Ablesungen enthalten, allein diese Abweichung ist sehr leicht erklärlich aus localer und zufälliger Steigerung der Widerstände; es müsste fast Wunder nehmen, wenn eine solche kleine Anomalie nicht einmal vorkommen sollte. Diese Widerstände sind es offenbar auch einzig und allein, welche es bewirken, dass in terrassenartiger Abstufung sich die Geschwindigkeit der Quellung immer eine Weile constant erhält. Es dürfte nahe liegen, zu vermuthen, dass wenn wir die einzelnen beobachteten Zahlenwerthe in folgender Weise unter einander schreiben

21
19
15
13
12
11
10
8
7
6
5
4
3
2
1

wir darin die Maasszahlen der Quellungsgeschwindigkeit eines sehr kleinen Stückchens von *Laminaria*-Zellwand besitzen würden, dass aber die Quellung diese Werthe mit der Geschwindigkeit des electrischen Funkens durcheile. Die Widerstände grösserer Stücke ziehen diese Werthe auseinander, in einer Form, wie sie unsere Beobachtungsreihe darlegt. Je grösser das Volum der quellenden Masse, desto gleichförmiger erscheint der spontane Gang der Quellung, desto weniger tritt die characteristische Abstufung der Quellungsgeschwindigkeit hervor, welche durch die Abnahme der Zugkraft der festen Körper gegen Wasser bedingt wird.

Uebrigens tritt auch in der Beobachtungsreihe des Versuch 13 die Stetigkeit in der Abnahme der Quellungsgeschwindigkeit hervor, wenn wir die im absoluten Maass von Minute zu Minute abgelesenen Werthe der Volumvergrösserung in Volumprocenten des sich nur in Richtung seiner Cylinderaxe dehnenden *Laminaria*-Scheibchens ausdrücken.

Nebenstehende Columne bezeichnet die Aufnahme von Wasser durch ein quellendes Stück *Laminaria*-Laub in Volumprocenten dieses letzteren. Zeiteinheit: Minute.

40
30
26
25
22
20
20
18
15
15
15
12
12
12
12
12
10
10
10
9
8
7
6
6
6
6
4
4
.
.
.

Es zeigt sich aus diesen verschiedenen Darlegungen, dass die Geschwindigkeit der Quellung des *Laminaria*-Laubes in den Anfangsphasen rasch, in den späteren langsam abnimmt, und dass die hiernach zu construirende Curve — wenn wir die Zeiten als Abscissen, die Quellungsphasen als Ordinaten auftragen — aus einem steil und einem sanft abfallenden Schenkel besteht (**4**, Curve G G).

Einen physicalisch völlig correcten Ausdruck der Quellungsgeschwindigkeit würden wir nur bei Abwesenheit aller secundären Widerstände beobachten können, d. h. wenn die quellende Substanz nur aus zwei gleich grossen Micellen bestände; dann würden wir in der Abnahme der Quellungsgeschwindigkeit mit zunehmender Sättigung auch ein getreues Abbild der mit der Phase sich ändernden, d. h. abnehmenden Quellungskraft besitzen. Schon bei einer grösseren Substanzmenge von völlig homogener Molecularstructur würde wegen der verschiedenen Quellungsphasen, in denen gleichzeitig sich die innern und die peripheren Theile des Stückes befinden müssen, die Beobachtung der Quellungsgeschwindigkeit keinen genau zutreffenden Schluss auf die Aenderung der Quellungskraft mehr zulassen. Bei der ungleichmässigen Structur des *Laminaria*-Laubes muss diese Discongruenz sich noch weiter steigern: dennoch ist das Resultat der Beobachtung zu schlagend, um daran zweifeln zu können, dass darin die Aenderung der Quellungskraft — nicht nur des ganzen Stückes, sondern auch der dasselbe zusammensetzenden Micellengruppen sich wiederspiegele. Nur eine Trübung und vielleicht Verzerrung, aber keine völlige Entstellung des Bildes, das uns ein Micellenpaar darbieten würde, haben wir daher im Verhalten des quellenden *Laminaria*-Laubes zu erblicken.

Eine zweite Möglichkeit, die Quellungscurve, d. h. den Werth der Quellungskraft für die verschiedenen Quellungsphasen zu bestimmen, beruht darauf, den äusseren Druck zu messen, welchen ein quellender Körper in den einzelnen Phasen der Quellung zu überwinden vermag.

Wenn die Grösse der Anziehungskraft der Micellen zum Wasser eine Function der Entfernung ist, so muss auch die Grösse des Widerstandes, den ein quellender Körper z. B. in Form von äusserem Druck zu überwinden vermag, mit fortschreitender Quellung a b n e h m e n.

Um die hier beregten Fragen experimentell prüfen zu können, ward folgender Apparat construirt. (Vgl. Taf. **3**, 1, 2, 3.)

Auf einem schweren, kreisrunden Fuss aus Gusseisen F, welcher durch die drei scharf und tief geschnittenen, stählernen Stellschrauben S genau horizontale Einstellung erfährt, ist der Teller T aus Messing durch drei Schrauben s befestigt. Dieser Teller bildet nur den horizontalen Kragen eines mit ihm aus einem Stück gegossenen starken Messingklotzes, dessen oberer Theil als Cylinder M emporragt, während der untere, würfelförmige Theil, weil im Fuss verborgen, in der Zeichnung nicht mit zur Darstellung gelangen konnte. Der Cylinder M erweitert sich oben noch einmal zu der rechteckigen Messingplatte P und ist der Länge nach mit einer 8 Millimeter im Durchmesser haltenden, genau cylindrischen und gegen den Teller T vertical stehenden Bohrung versehen, deren etwas erweiterte Mündung unterhalb B sichtbar wird. Die Bohrung geht durch den ganzen Klotz hindurch und besitzt die Länge von 62 Millimetern, sie kann bequem gereinigt und ausgetrocknet werden, indem man einen vorne mit Baumwolle umwickelten Stab hindurchschiebt.

In ihrem unteren Theile (in der Figur nicht sichtbar, weil in die Höhlung des Fusses fallend) ist diese cylindrische Bohrung von einer zweiten, sich leicht conisch nach der einen Seite verjüngenden Bohrung rechtwinklig durchkreuzt. In diese Bohrung passt ein leicht conisch verjüngtes Verschlussstück, dessen Längsschnitt a b in natürlicher Grösse in Fig. 2 dargestellt wurde. Dieses Verschlussstück wird in die transversale Bohrung hineingeschoben und herumgedreht, bis die Nase N des Kopfes K (in der Figur im Durchschnitt und in der

Flächenansicht gezeichnet) fest gegen den Stift R drückt — hierdurch ist das Verschlussstück in die richtige Lage gegen die aufrechte Cylinderbohrung gebracht. Durch Anziehen der Schraubenmutter S bis zu einer Marke wird nun a b fest in den Messingklotz hineingepresst, wobei zugleich der cylindrische Ausschnitt oberhalb A genau unter die verticale Cylinderbohrung tritt und somit den unteren Abschluss derselben bildet. Dieses durch eine untere Wand nunmehr geschlossene Cylinderrohr besitzt die Länge von 50 mm. In demselben bewegt sich der mit seinem Kolben A genau eingepasste aber doch mit möglichst wenig Reibung verschiebbare Stempel A B D (für den unteren Theil ist Fig. 2, für den oberen Theil Fig. 1 zu vergleichen); derselbe besteht im unteren Stück aus Nickel, im Schaft aus Stahl. Unterhalb des Kolbens A trägt dieser Stempel einen ringförmigen Einschnitt E, von dem aus zahlreiche, feine Bohrlöcher bis zur unteren Fläche des Kolbens laufen, deren Vertheilung aus Fig. 3 ersichtlich ist[1]). Das Stück E B des Stempels ist vierkantig mit abgerundeten Kanten, es lässt demnach in der Bohrung einen genügenden Raum übrig, welcher als Wasserreservoir dient, um durch die feinen Bohrlöcher im Kolben zu dem quellenden Körper zu gelangen. Der Schaft des Stempels von B bis D besitzt dann einen noch etwas grösseren Durchmesser, als der Kolben A; derselbe erhält eine anschliessende Führung in der Durchbohrung der von den Stahlsäulen U und V getragenen Messingplatte Q. Oben ist dem Stempel der Tisch H aufgeschraubt, welcher das Gewichtstück G und den horizontalen, starken Hebelarm J mit drei Durchbohrungen trägt.

Dem Stempel B D ist noch der Ring C angeschraubt. Derselbe trägt eine Schnur, die über eine an den Stahlsäulen U und V durch einen Queransatz befestigte Rolle läuft (dieser Theil des Apparats ist in der Zeichnung weggelassen worden) und durch ein angehängtes Gewichtstück das Gewicht des Stempels zu äquilibriren vermag. Ausser-

---

1) Bei Anwendung des Apparates empfiehlt es sich — je nach Umständen — die untere Fläche des Kolbens noch mit einem Scheibchen von angefeuchtetem Pergamentpapier zu bedecken. Dasselbe lässt dem Wasser vollständigen Durchtritt, hindert aber die eventuelle Absonderung colloidalen Schleimes aus der quellenden Substanz in die Bohrlöcher hinein.

dem findet sich am Cylinder M bei l ein Ansatz mit einem Loche zur Aufnahme des Thermometers Z, welches durch die Säule X gestützt wird. Die Cüvette des Thermometers liegt im Metall dicht neben der Stelle A.

Soll nun der Apparat benutzt werden, so wird zunächst die Mutter S R losgeschraubt und a b durch einen Schlag mit einem Holzhammer aus seinem Rohr herausgetrieben. Man legt dann den zu untersuchenden Körper, welcher eine Scheibe von gleichem Durchmesser wie der Kolben des Stempels sein muss, in die Einlage bei A und schiebt a b wieder auf die oben beschriebene Weise in den Apparat. — Der Apparat muss vorher auf seine Belastungsfähigkeit genau untersucht sein. Der meinige konnte zwanzig Kilogramm Belastung ertragen, ohne während mehrerer Tage das Niveau des Tisches H auch nur um einen Mikromillimeter zu ändern. Diese schweren Gewichte wurden auf einem etwas grösseren Teller in Gestalt von Scheiben aus Blei übereinander gestapelt. Bei Ansetzung eines Versuches wird der offene Theil des Rohrs mit Wasser angefüllt — dem ich zuerst immer etwas Salicylsäure zusetzte, was sich jedoch als überflüssig erwies — und hierauf durch eine rasche Hebung und Senkung des Stempels mit der Hand eine vollständige Communication des saugenden Körpers mit dem Wasser im oberen Theile des Rohrs herbeigeführt. Für rechtzeitiges Nachfüllen des Wassers muss Sorge getragen werden.

In dem Maasse, wie der untersuchte Körper aufquillt, wird der Stempel und mit ihm das Gewicht G emporgehoben. Um die Höhe der Hebung zu messen, wird in eine Durchbohrung des Arms J ein feiner Platinfaden eingehakt und mit einem geeigneten Messapparat in Verbindung gesetzt. Ich bediente mich dafür des von E. Zeiss in Jena gefertigten, im Besitz meines Laboratoriums befindlichen vorzüglichen Instrumentes, wo der durch ein Gewicht von 8 Gramm gespannte Platinfaden über eine Glasscheibe läuft und diese dreht; die Glasscheibe trägt am Rande eine Theilung in 0,5 Millimeter, deren bezifferte Striche man die Mikrometerscala eines horizontal stehenden Mikroscops durchlaufen sieht. Dass der Apparat nicht bloss in hohem Grade empfindlich, sondern auch auf seine Genauigkeit sorgfältig geprüft ist, braucht wohl nicht noch besonders hervorgehoben zu werden. Eine genaue Beschreibung und Abbildung des mir für die verschiedensten Messungen unentbehrlichen Instruments habe ich in meinem Aufsatz über Wachsthum veröffentlicht (Bot. Zeit. 1876 p. 108).

Beide Apparate standen während der Versuche dicht neben einander auf einer horizontalen Marmortafel in einer Nische der sehr dicken Wand meines zu ebener Erde gelegenen Arbeitszimmers.

Als Fehlerquelle bei den Untersuchungen kommt eigentlich nur der Einfluss der Temperatur in Betracht, und zwar auch hier nur die Differenz zwischen der Ausdehnung des Quellungsapparates — den man der Kürze wegen Oedometer[1]) nennen kann — und der des Messapparates; denn dehnt sich das Oedometer, so dehnt sich auch die Säule des Messapparates und sucht die erste Dehnung zu paralysiren.

Es wurde die Höhenausdehnung des Oedometers für einen Grad Celsius nach den bekannten Ausdehnungscoefficienten des Stahls, Messings und Platins zu 0,0035 Millimeter, diejenige des Messapparats zu 0,0045 Millimeter berechnet: mithin beträgt der effective Einfluss der Wärme bei 1° Temperaturdifferenz 0,001 Millimeter, was bei den Ablesungen, obgleich wegen der geringen Grösse ohne Bedeutung, berücksichtigt worden ist.

Ich stehe übrigens nicht an, selbst darauf hinzuweisen, dass die hier dargestellte Form des Oedometers für die im Folgenden mitgetheilten Versuche unnöthige Complicationen enthält. Allein beim Entwurf des Apparates konnte ich noch nicht ermessen, wie sich thatsächlich die Untersuchung über die äussere Arbeit der Quellung gestalten würde, und schien mir ein so langes Rohr, wie das beschriebene, wünschenswerth zu sein, falls das Aufquellen grösserer, schleimiger Massen untersucht werden sollte. Für die Untersuchung des Quellens von *Laminaria*-Plättchen würde ein einfacher starker Klotz von Nickel genügen, in welchem eine etwa 5 bis 10 Millimeter tiefe Bohrung hineinragt, so dass man den Körper oben hineinlegen und wieder herausnehmen kann. Ich habe mir einen solchen Klotz von Nickel, der oben noch ein kleines Wasserreservoir trägt, bestellt, um denselben einfach auf die Platte P meines Oedometers aufzuschrauben. Will man aber ein langes Rohr anwenden, so ist der beschriebene

1) von *οιδαν*, schwellen.

complicirte Keilverschluss nöthig, um den Körper hineinlegen und herausnehmen, so wie auch das Rohr reinigen zu können. Will man grössere Gewichte anwenden, als ich sie benutzt habe, so ist eine Modification des Apparates zu empfehlen nach Maassgabe der auf 2, 4 abgebildeten Presse.

Es handelte sich nunmehr um die Aufgabe, eine geeignete, organisirte Substanz zu finden, welche sich in cylindrische Form bringen liesse, so dass sie die Basis des Oedometerrohres genau zu erfüllen vermöchte. Zuerst liess ich vom Mechaniker auf der Drehbank kurze Cylinderabschnitte von trockenen *Laminaria*-Stämmen anfertigen. Dieselben erwiesen sich für den angegebenen Zweck auch im Allgemeinen zwar brauchbar, boten aber vielfache Unbequemlichkeiten dar. Zunächst kam als wichtiger Gesichtspunct in Betracht, dass wenn in diesen Stücken die (Millimeter hohe) Cylinderaxe mit der Wachsthumsaxe der Pflanze übereinstimmt, die Volumausdehnung bei der Quellung in dieser Axe am geringsten, in den dazu normalen Axen am grössten ist; in Richtung der Cylinderaxe wird aber der Stempel bewegt. Wenn nun auch im gequollenen Zustande die Substanz der *Laminaria* als ein plastischer Körper angesehen werden kann, der wenigstens stärkeren Druckkräften gegenüber sich einer Flüssigkeit mehr oder weniger gleich verhält, so gilt dies doch schwerlich bereits für die ersten Phasen der Quellung und ist zu besorgen, dass hier der Druck der Röhrenwände den Druck des Stempels weit übertrifft und die Wahrnehmung eines Theiles der Kraftäusserung des Körpers verhindert. Lässt man dagegen den Cylinder senkrecht zur Wachsthumsaxe drehen, so ist auch damit noch nicht viel gewonnen.

Dagegen liefern kleine, kreisrunde Scheiben vom Durchmesser des Oedometerrohres, welche man aus trockenem Laube der *Laminaria*-Arten herausschneidet und zu beliebiger Höhe über einander schichtet, ein ganz vorzügliches Beobachtungsmaterial. Bei der Quellung nämlich erweitern Stücke getrockneten *Laminaria*-Laubes ihr Volum fast nur senkrecht zur Laubfläche, ihre Ausdehnung in den Richtungen der Fläche ist dagegen nahezu verschwindend. Ein Scheibchen, dessen Fläche dem Durchschnitt des Oedometerrohres gleich war, hatte trocken den Durchmesser 8,0 mm, die Höhe 0,1 mm; in Wasser gelegt und gequollen die Durchmesser 8,0 und 8,5 mm, die Höhe 0,5 mm.

Die Ausdehnung in Richtung der Fläche musste namentlich im Anfang (bei hohem Druck) verschwindend sein, später aber mit zunehmender Plasticität der Substanz ihren allerdings geringen Arbeitswerth, den Gesetzen einer Flüssigkeit folgend, gegen den Stempel richten können. Demnach verhält sich thatsächlich ein solches Plättchen, weil es fast nur in Richtung der Cylinderaxe sich dehnt, einer den Raum erfüllenden Flüssigkeit analog, und darf somit erwartet werden, dass der bei der Quellung eines solchen Plättchens geleistete Druck nahezu vollständig zur Messung gelange.

Versuch 14.

Bei einer Temperatur zwischen 15° und 16° wurden nach einander vier Plättchen von *Laminaria*, deren Höhe 0,100, deren Oberfläche 50 □mm betrug, je eine Stunde lang bei verschiedener Belastung quellen gelassen. In der nachfolgenden Tabelle ist unter A die Belastung in Grammen, unter H die Hebung der Last, beziehungsweise der Höhenzuwachs des quellenden Plättchens in Bruchtheilen des Millimeters mitgetheilt.

A	H
120	0,220
1120	0,050
2120	0,022
5120	0,005

Der Versuch ergiebt auf das Deutlichste die ausserordentliche Verlangsamung der Quellung, wenn von dem quellenden Körper noch äusserer Druck zu überwinden ist, und zwar ist die Verlangsamung um so grösser, die Quellung um so langsamer, je grösser die Belastung. Der specielle Zusammenhang zwischen Druck und Geschwindigkeit der Quellung würde noch besser hervortreten, wenn man durch Beobachtung feststellte, wie lange bei verschiedener Belastung ein Körper quellen muss, um eine gewisse Ausdehnung zu erlangen.

Versuch 15.

Es ward das Rohr des Oedometers mit 10 über einander geschichteten Plättchen aus trockenem *Laminaria*-Laub von je 0,1 mm Dicke beschickt, welche, fest auf einander gepresst, eine das Rohr genau füllende Säule von 1 Millimeter Höhe darstellten, die bei der Quellung sich so gut wie ausschliesslich in der Richtung ihrer Cylinderaxe ausdehnte, abgesehen davon, dass sie schon durch die Form des Rohrs hierzu gezwungen wurde.

Es wurden nun successive verschiedene Drucke durch Belastung des Oedometertisches in Anwendung gebracht, welche von dem quellenden *Laminaria*-Cylinder durch Hebung des Stempels überwunden werden mussten. Der Versuch begann mit Auflegung von Bleiplatten im Betrage von 20 Kilogramm, der höchsten Last, auf welche ich den Apparat geprüft hatte. Dieser Druck wurde so lange belassen, bis der Messapparat keine weitere Volumvermehrung des quellenden Körpers mehr angab; dann ward er verringert durch Abheben der obersten Bleiplatten, worauf die Quellung von Neuem begann, und dies Verfahren fortgesetzt. Die Temperatur schwankte während des Versuchs um so geringe Werthe (bis 3° C.), dass von ihr keine merkliche Beeinflussung der Quellungsgeschwindigkeit herrühren konnte.

In der nachfolgenden Tabelle bezeichnet Columne

A das Gewicht des belastenden Stempels in Grammen,

A′ den gleichen Druck in Atmosphären[1]),

B die zu den einzelnen Druckhöhen gehörige Ausdehnung des *Laminaria*-Cylinders in Millimetern,

B′ die Ausdehnung des *Laminaria*-Cylinders in Procenten seines Trockenvolums.

A	A′	B	B′
20120	41,2	0,160	16
15120	31,2	0,232	23
10120	21,2	0,350	35
5120	11,2	0,590	59
3120	7,2	0,970	97
1120	3,2	2,050	205
120	1,2	3,180	318
10	1	3,300	330

1) Wobei der Luftdruck hinzugezählt wurde.

Bemerkt mag noch sein, dass die in dieser Tabelle mitgetheilten Werthe für die Ausdehnung einer quellenden Substanz unter verschiedenem, mit den Phasen sich verringerndem Drucke auf keinen Fall zu gross sein können, weil die beträchtlichen Gewichte durch keine andere Ursache als durch die sich ausdehnende *Laminaria* emporgehoben werden konnten; wahrscheinlich werden sie aber wegen unvermeidlicher kleiner Fehlerquellen etwas zu gering ausgefallen sein. So widersetzt sich z. B. die oberste *Laminaria*-Scheibe nicht auf ihrer ganzen Oberfläche dem Druck von oben; man erkennt dies daran, dass nach Herausnahme derselben unter jedem der feinen Bohrlöcher des Kolbens eine kleine, buckelförmige Erhabenheit stärker gequollener Substanz sich gebildet hatte. Allein schon die nächste Platte war vollkommen eben, so dass es sich nicht verlohnte, wegen der geringfügigen Abweichung eine Correctur des Resultates eintreten zu lassen; diese Correctur müsste sonst in dem Sinne ausfallen, dass für die Flächeneinheit der vorhandene Druck factisch etwas höher war, als die Zahlen der Tabelle ihn angeben.

Das Resultat des Versuchs lässt in Form einer Curve sich wiedergeben, wenn wir als Ordinaten die Druckhöhe (in Atmosphären), als Abscissen die Ausdehnung (in Volumprocenten) auftragen (Vergl. Curve KK auf Taf. 4).

Diese Curve, welche zeigt, dass die Kraft, äusseren Druck zu überwinden, mit zunehmender Aufquellung sich stetig vermindert, kann danach auch angenähert als Symbol der Aenderung der Quellungskraft des *Laminaria*-Laubes gelten; immerhin stimmt sie auch in beachtenswerther Weise überein mit der Curve, welche aus der Messung der Quellungsgeschwindigkeit erhalten wurde. Beide Curven können wir als Annäherung gelten lassen an den Werth, welchen die Verminderung der Anziehung der Micellen zum Wasser mit der Entfernung darstellt, wie derselbe unter dem Einfluss der als Widerstände wirkenden Anziehungskräfte der Micellen gegen einander, sowie der secundären Widerstände sich zeigt.

Natürlich gelten bei Ableitung von Schlüssen aus der Beobachtung über den in den einzelnen Quellungsphasen von *Laminaria* entwickelten

Druck alle die Reserven, welche aus der histologischen Structur dieses Körpers sich ergeben und auf welche bereits wiederholt hingewiesen worden ist.

Als allgemeinstes Resultat kann aus den Beobachtungen dieses Abschnitts der Satz hingestellt werden, dass bei constantem Druck und constanter Temperatur die Geschwindigkeit der Quellung abhängig ist von der Quellungsphase; ist nur die Temperatur constant, so ist die Geschwindigkeit der Quellung auch abhängig vom Druck[1]).

---

3. Das Entweichen des Wassers aus gequollenen Körpern bei Verdampfung und Pressung.

Einem gequollenen Körper vermögen wir durch Austrocknung das aufgenommene Wasser wieder zu entreissen; dieser Process schliesst sich an das Verdampfen von Wasser aus einer Lösung an, wir haben es mit einer Bildung von Wasserdampf zu thun, bei welcher die Substanz des festen, gequollenen Körpers als Widerstand wirkt. Indem die Wassermolekel die Interstitien der Micellen zunächst an den freien Oberflächen des Körpers verlassen, um sich in der Atmosphäre auszubreiten, werden die Micellen wieder einander genähert; der Körper verringert sein Volumen, wir sagen er schrumpft. Dieser Schrumpfungsprocess setzt sich fort bis zu der Stufe, wo die Anziehung der Micellen zu dem imbibirten Wasser eben so gross wird, wie das Bestreben der Wassertheilchen, sich in der Atmosphäre auszubreiten, es ist das ein Zustand stabilen Gleichgewichts, der Zustand der Lufttrockene. Dieser Zustand der Lufttrockene ist abhängig von der Dampfspannung der Atmosphäre und der Temperatur, und mit letzteren demnach kleinen Oscillationen unterworfen.

Mit Clausius[2]) dürfen wir annehmen, dass bei der Verdampfung des Wassers oberflächlich gelegene Molekel durch den Stoss ihrer

---

1) Unten werden wir sehen, dass bei constantem Druck die Geschwindigkeit der Quellung abhängig ist von der Temperatur.

2) Poggend. Annalen 1857. — Abhandlungen p. 237 ff.

eigenen lebendigen Kraft, in die Luft hineingeschleudert werden und hier weiterfliegen. Dadurch muss der Raum allmählig mit Wassermolekeln sich mehr und mehr füllen, dieselben bei ihrer Bewegung daher auch wieder gegen die Oberfläche des Wassers stossen und hier vom letzteren wieder absorbirt werden. Der Gleichgewichtszustand wird hiernach eintreten, wenn so viele Wassermolekel in dem lufterfüllten Raume verbreitet sind, dass während einer Zeiteinheit durchschnittlich ebenso viel Molekel gegen die Wasseroberfläche stossen und von dieser festgehalten werden, als andere Molekel von ihr ausgesandt werden; es tritt daher kein Ruhezustand ein, in welchem die Verdampfung absolut aufhört, sondern ein Zustand, in welchem fortwährend Verdampfung und Niederschlag stattfinden, die beide gleich stark sind und sich compensiren.

Der gequollene Körper befindet sich dem nicht dampfgesättigten Raume gegenüber im labilen Gleichgewichte; das Gleichgewicht wird stabil, sobald derselbe in der Zeiteinheit eben so viele Wassermolekel aus der Atmosphäre absorbirt, als er aushaucht. Daraus folgt, dass wenn ein organisirter Körper bei einer höheren Temperatur ausgetrocknet war, derselbe bei gewöhnlicher Lufttemperatur an Gewicht zunehmen muss, weil er hygroskopisch Wasser aus der Atmosphäre anzieht. Demnach wird der Wassergehalt lufttrockener organisirter Körper fortwährend kleinen Schwankungen unterliegen. Vermehrte Temperatur erhöht oberhalb vier Grad die Disgregation und lebendige Kraft der Wassermolekel im gequollenen Körper, andererseits wird die Dampfspannung der Atmosphäre dadurch verringert: demnach muss Erwärmung einen stark beschleunigenden Einfluss üben auf die Austrocknung gequollener, organisirter Substanz.

Abgesehen hiervon, wird die Geschwindigkeit der Austrocknung abhängig sein von der Quellungsphase. In dem Maasse, als die Anziehung der Micellen zum Wasser sich verringert, wird auch ihr Widerstand gegen die Verdampfung geringer werden: die Geschwindigkeit der Verdampfung wird daher am grössten sein im Quellungsmaximum und von da an sinken bis auf den Nullpunkt im lufttrockenen Zustande.

Versuch 16.

Ein Stück *Laminaria*-Laub wog trocken 0,378 Gramm, gequollen 1,265 Gramm, hatte also 0,887 Gramm Wasser aufgenommen. Dieses gequollene Stück ward an einem eingehakten Platindraht im directen Sonnenschein frei aufgehängt, ein daneben hängendes Thermometer zeigte während des Versuches zwischen 40 und 42° Celsius. Nach Zeiträumen von 15 Minuten ward das Stück gewogen und zeigte hierbei in den gleichen Zeitintervallen nach einander folgende Gewichtsabnahme (also Wasserverlust)

in Milligrammen:	in Volumprocenten der Trockensubstanz:
350	93 Pct.
291	77 „
177	47 „
47	13 „
10	3 „
1	

Wie die grössere Anziehung der Substanz zum Wasser eine grössere Geschwindigkeit des Aufquellens in den ersten Quellungsphasen hervorrief, so bewirkt sie dem entsprechend eine mit der Menge des verdunsteten Wassers immer geringer werdende Geschwindigkeit der Verdampfung.

Versuch 17.

Ein anderes Stück gequollenes *Laminaria*-Laub trocknete in einem Nordzimmer bei einer Temperatur von 21 bis 22° und einer relativen Feuchtigkeit der Luft von 70 Procent. Das Stück hatte 1,026 Gramm Wasser aufgenommen und ward die Geschwindigkeit der Verdampfung durch stündliche Wägungen festgestellt; es verdampften in den successiven Stunden (in Milligrammen):

148 115 105 91 74 84 68 57 51 51.

Während der folgenden Nacht verdampften noch 182 Milligramm.

Der Vergleich dieser beiden Versuchsreihen liefert den Beweis für die Richtigkeit der oben angestellten Betrachtung, dass die Geschwindigkeit der Austrocknung von Temperatur und Dampfspannung abhängig sei; insbesondere ist der Einfluss der directen Bestrahlung durch die Sonne ein eminenter.

Wenn ein gequollener Körper in eine nicht mit Wasserdampf gesättigte Atmosphäre gebracht wird, so ist dadurch eine Spannung gegeben, deren Ausgleich zum lufttrockenen Zustande führt. Ein ähnlicher Ausgleich von Spannung tritt ein, wenn im dampfgesättigten Raume ein gequollener und ein trockener organisirter Körper mit einander in Contact treten, es wird in beiden Substanzen ein mittlerer Quellungsgrad herbeigeführt; endlich wirken auch wasserentziehende Flüssigkeiten in analoger Weise.

Es war nun von Interesse, zu untersuchen, ob auch äusserer Druck im Stande sei, Wasser aus dem gequollenen Gewebe von *Laminaria* auszupressen; etwa nach Maassgabe dessen, was über die Verhinderung der Quellung durch äusseren Druck ermittelt worden war. Die Beantwortung dieser Frage war um so mehr geboten, als sich auf dem Gebiete der thierphysiologischen Literatur bereits wichtige Angaben darüber finden, ob und mit welchen Druckkräften es möglich sei, aus gequollenen Geweben Wasser auszupressen. So findet sich bei Liebig[1]) die Angabe, dass Sehnen, Bänder und Knorpel, wenn sie einem starken Druck unterworfen werden, 35 bis 37 Pct. ihres Quellungswassers austreten lassen. Ludwig[2]) macht die Angabe, dass die in einen quellbaren Körper eingedrungene Flüssigkeit theilweise mit Leichtigkeit durch Zusammenpressen des gequollenen Stoffes zum Ausfliessen gebracht werden könne, während ein anderer Theil derselben den kräftigsten Druckwirkungen widerstehe.

Versuch 18.

Es wurden zunächst kleine Cylinder von 50 Quadratmillimeter Grundfläche und 4 Millimeter Höhe aus dem gequollenen Stamm von

1) Untersuchungen über einige Ursachen der Säftebewegung im thierischen Organismus. 1848. p. 5.

2) Lehrbuch der Physiologie des Menschen. 1858. I. p. 72.

Laminaria herausgeschnitten und gegen eine Unterlage von Fliesspapier gepresst, meistens mit der oben erwähnten Presse. Trat Wasser aus, so war dies am Rande der Substanz im Fliesspapier stets deutlich wahrzunehmen. In der folgenden Tabelle bezeichnet die erste Columne den Grad der Quellung, die zweite den Druck, durch welchen Wasser ausgepresst werden kann.

Quellungsgrad in Procenten.	Druck in Kilogrammen.
300	1
240	2
140	8
75	20

Bei geringerem Wassergehalt (25 Pct.) gelang es nicht mehr, Wasser auszupressen.

Es mag daran erinnert werden, dass der Stamm einer *Laminaria*, welcher einmal ausgetrocknet war, immerhin noch zahlreiche Capillarräume enthält, aus denen das Wasser durch Druck muss relativ leicht entfernt werden können; es war daher nothwendig, auch das solche Hohlräume entbehrende Laub von *Laminaria* auf sein bezügliches Verhalten zu untersuchen.

Versuch 19.

Ein Stück aus dem Laube von *Laminaria* enthielt gequollen 170 Pct. Wasser; es gelang durch einen Druck von 8 Kilo auf 50 □mm leicht, Wasser auszupressen; bei einem Wassergehalt von 93 Pct. vermochten 50 Kilogramm kein Wasser, 100 (oder genau 108) Kilogramm unter Quetschung nur eine Spur von Wasser auszupressen. Bei einem geringeren Wassergehalt wollte Auspressung überhaupt nicht mehr gelingen.

Ich glaube, dass dieser Versuch den von Ludwig gefundenen Thatsachen sich anreiht. In den geringeren Quellungsgraden ist offenbar das Wasser zwischen den Micellen so wenig beweglich, dass selbst durch bedeutende Compression es nicht entfernt werden kann; die Grenze zwischen auspressbarem und nicht auspressbarem Wasser scheint ziemlich scharf gezogen zu sein.

II. Die bei der Quellung verrichtete mechanische Arbeit.

1. Die äussere Arbeit der Quellung.

Wenn eine Substanz sich ausdehnt, z. B. unter dem Einfluss der Wärme, so wird dabei zweierlei mechanische Arbeit verrichtet: äussere und innere.

Die äussere Arbeit wird aufgewandt zur Ueberwindung eines äusseren, der Erweiterung des Volums entgegenstehenden Druckes; die innere Arbeit dient zur Ueberwindung der Anziehung der kleinsten Substanztheilchen gegen einander, also zur Lockerung von deren Cohäsion.

Um die von einem quellenden Körper geleistete äussere Arbeit zu bestimmen, haben wir die Volumänderung zu messen, welche der Körper unter Einwirkung eines bekannten Druckes gegen seine Oberfläche erkennen lässt.

Wenn z. B. der quellbare Körper in Form eines Cylinders den unteren Theil des metallenen Oedometerrohres genau erfüllt, während von oben her der mit Gewichten belastete Stempel auf denselben drückt, so wird dieser Stempel bei der Quellung in die Höhe gehoben, und aus dem Betrage der Hebung und der Grösse des gehobenen Gewichts ist die geleistete äussere Arbeit zu bestimmen.

Beträgt der Druck des Stempels auf die Flächeneinheit den Werth p [1]), die Fläche des Stempels aber a, so ist der Druck, welcher bei Hebung des Stempels überwunden werden muss,

$$Q = p a.$$

Besitzt der quellende Cylinder im Anfang die Höhe h, und wird im Beginn der Quellung der Stempel um die unendlich kleine Strecke $h\delta$ gehoben, so ist die dabei geleistete äussere Arbeit

$$\delta \mathfrak{A} = p a h \delta.$$

Nennen wir v das Volum des eingeschlossenen, quellbaren Körpers, so ist $v = a h$, mithin $v \delta = a h \delta$, daher

$$\delta_{i} \mathfrak{A} = p v \delta.$$

Bestimmen wir die äussere Arbeit bei der Quellung eines aus übereinander geschichteten Scheiben von trockenem *Laminaria*-Laub

---

1) Vgl. Clausius, Die mechanische Wärmetheorie I. p. 39.

gebildeten Cylinders, so leuchtet ein, dass die Grösse derselben für das einzelne Raumelement der Ausdehnung abhängig ist von der Höhe des zur Anwendung gekommenen Druckes.

Aus dem oben pag. 49 mitgetheilten Versuch 15 wissen wir aber, dass die Höhe des zu überwindenden Druckes abhängig ist von der Quellungsphase, dass mit zunehmender Quellung die Fähigkeit, eine Last zu heben, sich vermindert. Daher wird auch die zu leistende äussere Arbeit von der Phase der Quellung bedingt sein, sie ist am grössten im ersten Raumelement der Ausdehnung und wird sich von da bis zum Quellungsmaximum stetig verringern.

Von dem abnehmenden Vermögen eines quellenden Körpers zur Leistung äusserer Arbeit kann die Fig. 5 auf Taf. 1 eine Anschauung gewähren. Die Linie A B möge die Ausdehnung des Körpers von Beginn der Quellung bis zu einer gewissen Phase bezeichnen; das darauf errichtete Loth A C die zu Anfang, das Loth B D die am Ende vorhandene Quellungskraft. Errichtet man die betreffenden, zu jedem Punkt der Linie A B gehörigen Lothe, so bilden deren Endpuncte zusammen die Curve C D; der Flächeninhalt A C D B bezeichnet die Summe der von der abnehmenden Kraft K des quellenden Körpers verrichteten äusseren Arbeit. Diese Arbeitssumme würden wir für das unendlich kleine Raumelement δ der Strecke A B gleich $K\delta$ setzen können, da die Fläche $\alpha\beta\gamma$ in diesem Fall verschwindend klein wird. Denken wir uns über sämmtlichen Raumelementen der Linie A B derartige Rechtecke errichtet, so erhalten wir die Gleichung

$$\mathfrak{A} = \Sigma(K\delta).$$

Nehmen wir als Specialfall an, dass die Kraft K längs der Strecke A B gleichförmig abnehme, von der Grösse $AC = P$ bis zur Grösse $BD = Q$, so wird die Curve C D zu einer geraden Linie und die Summe der geleisteten mechanischen Arbeit beträgt

$$\mathfrak{A} = AB\left(\frac{P + Q}{2}\right).$$

Diese letzte Formel gewinnt insofern praktische Wichtigkeit, als wir für eine annähernd genaue Berechnung den Flächeninhalt A C B D in eine Anzahl Trapeze zerlegen können, deren jedes dann nach dieser Formel sich bestimmen lässt.

Wir können die oben unter Versuch 15 (vgl. die Tabelle auf pag. 49) mitgetheilten Zahlen benutzen, um die äussere Arbeit zu berechnen, welche ein aus über einander geschichteten, trockenen *Laminaria*-Laubstücken zusammengesetzter Cylinder von 50 Quadratmillimeter Grundfläche und 1 Millimeter Höhe zu leisten vermag.

Es empfiehlt sich zu dem Ende eine graphische Darstellung anzufertigen, bei welcher die Verlängerung des quellenden Cylinders als Abscisse, das bei dieser Verlängerung gehobene Gewicht als Ordinate aufgetragen wird; es möge hierzu die Fig. 2 der Taf. 4 orientiren. Auf derselben bedeuten die an der Linie A C stehenden Zahlen Kilogramme, die an der Linie A B stehenden dagegen Hundertelmillimeter. Wegen des mangelnden Raumes musste die Figur nach rechts bei D und B abgebrochen werden; die zu 1 Kilogramm gehörige Abscisse müsste die Maasszahl 205, die zu 0 Kilo gehörige Abscisse die Zahl 330 erhalten.

Der Flächeninhalt A C D B bezeichnet nunmehr die bei der Quellung beobachtete äussere Arbeit; wir können uns denselben zerlegen in das Quadrat C C'P A, die Trapeze P C'M E, E M N F, F N O G und das rechtwinklige Dreieck GOB. Die Summirung der für diese einzelnen Figuren gefundenen Werthe ergiebt:

$$\mathfrak{A} = 0{,}0143 \text{ Kilogrammmeter.}$$

Es ist dies nicht die ganze äussere Arbeit, welche das quellende Stück *Laminaria* zu leisten vermag; dieselbe konnte nicht vollständig zur Messung gelangen wegen der Unvollkommenheit des Oedometers, welches keine höhere Belastung gestattete, als 20 Kilogramm. Jedenfalls aber würde eine sehr viel höhere Belastung erforderlich gewesen sein, um die Quellung absolut zu hindern, und bis zu diesem Puncte hätte der Versuch fortgesetzt werden müssen, sollte die ganze mögliche äussere Arbeit ermittelt werden.

Ich glaube, wir werden sicherlich nicht zu hoch greifen, wenn wir der Annahme Raum geben, dass die ersten Spuren der Quellung bereits beginnen bei einer Belastung von 50 Kilogrammen (was 100 Atmosphären entsprechen würde); denn auf diesen Punct etwa würde die Curve C'M N O D hinzielen, würden wir uns dieselbe in gleichem Sinne, wie sie bisher gelaufen, nach oben verlängert denken. Wir hätten dann, um die Gesammtsumme der möglichen äusseren

Arbeit zu erhalten, zu dem oben gewonnenen Werthe noch den Flächeninhalt eines rechtwinkligen Dreiecks hinzuzuzählen, dessen Katheten 30 und 16 betrageu, mithin

$$\mathfrak{A} = 0{,}0143 + 0{,}0024 = 0{,}0167 \text{ Kilogrammmeter.}$$

In der folgenden Tabelle ist für jede einzelne Druckhöhe die bei constanter Anwendung derselben von dem quellenden Körper im Ganzen verrichtete äussere Arbeit bestimmt. Es bedeutet Columne A die Belastung in Kilogrammen, B die zugehörige Arbeit in Kilogrammmetern.

A.	B.
20	0,00320
15	0,00345
10	0,00350
5	0,00295
3	0,00291
1	0,00205
0,1	0,00032

Aus dieser Zusammenstellung geht hervor, dass wenn ein Körper während der Quellung mit einem constanten Druck belastet wird, das Maximum der äusseren Arbeit geleistet wird bei einem Druck von mittlerer Höhe, im vorliegenden Fall von 20 Atmosphären (10 Kilogramm). Bei höherer Belastung wird der Arbeitswerth geringer, desgleichen bei niedrigerer. Die Arbeit sinkt auf ihr Minimum sowohl beim Maximum, als auch beim Minimum der Belastung.

Die in Versuch 15 zur Anwendung gekommenen *Laminaria*-Plättchen hatten zusammen ein Gewicht von 80 Milligramm. Da nun die bei der Quellung verrichtete äussere Arbeit eine Function der Masse des quellenden Körpers ist, so würde für ein Kilogramm *Laminaria*-Laub der äussere Arbeitswerth betragen rund

$$\mathfrak{A} = 200 \text{ Kilogrammmeter.}$$

Dieser Arbeit würde ein calorischer Werth von 472 Wärmeeinheiten[1]) entsprechen.

---

1) Die Calorie auf 1 Gramm bezogen.

Es bedarf wohl kaum der Erwähnung, dass noch beträchtlich höherer Druck, als oben geschätzt, von einem quellenden Körper würde überwunden werden, wenn wir nicht den lufttrockenen, sondern den absolut trockenen Zustand der Substanz zum Ausgangspunct wählen wollten.

---

2. Die innere Arbeit der Quellung.

Die mechanische Arbeit, welche beim Auseinanderdrängen der Micellen einer quellenden Substanz geleistet wird, ist als innere Arbeit zu unterscheiden; durch sie muss die micellare Anziehung überwunden werden.

Die Grösse der für die Gewichtseinheit trockener Substanz bei deren Quellung sich auslösenden inneren Arbeit lässt sich durch Messung nicht ermitteln; wir sehen uns darauf beschränkt, die Wege, welche zum Resultate führen könnten, zu beschreiten, ohne doch zum Ziele zu gelangen. Immerhin hat das Aufwerfen der Frage einige nicht uninteressante Beobachtungen zu Tage gefördert.

Bei der beträchtlichen Kraft, mit welcher das Wasser von quellenden Substanzen angezogen wird, ist die Folgerung nahe liegend, dass das Wasser innerhalb der Hüllen, welche es um die Micellen bildet, eine messbare Zusammendrückung erfahren möge; eine Verdichtung, welche nicht durch die ganze Wasserhülle gleichmässig zu denken wäre, sondern von Aussen nach Innen sich steigern würde.

Diese Erscheinung würde ihr Analogon darin haben, dass lösliche Körper bei der Lösung, wo ja gleichfalls ein Durchdringen der festen Substanztheilchen mit Wasser stattfindet, das Volumen des Lösungswassers contrahiren. Nur der Salmiak macht eine Ausnahme, indem bei dessen Lösung in Wasser eine Volumvermehrung Platz greift, was aber auf dem Hinzutritt anderer, complicirender Thatsachen beruht.

Es fehlt auch bereits in der Literatur nicht an Versuchen, eine Volumänderung des Wassers beim Eintritt in quellende Substanzen nachzuweisen.

Der Erste, welcher vermuthungsweise auf eine Verdichtung hinweist, dürfte Wiesner[1]) sein, allein er bleibt den experimentellen Nachweis dafür schuldig.

Von Nobbe[2]) sind über diesen Punct Versuche angestellt worden, welche aber kein entscheidendes Ergebniss lieferten. Die vielfachen Schwankungen im Volum, welche Nobbe beobachtete, sind offenbar in dem unzweckmässigen Material begründet (Erbsen und Bohnen, welche anscheinend nicht geschält waren); schon die lufthaltigen Intercellularräume in dem Samen der Hülsenfrüchte machen diese für den betreffenden Versuch untauglich.

Aus diesem Grunde sind auch die Versuche von N. J. C. Müller[3]) über den gleichen Gegenstand nicht für ausreichend zu erachten. Müller fand, dass, wenn Wasser und trockene Erbsen zusammen in ein Gefäss gebracht wurden, das Volum des Wassers anfing zu schwanken, bis schliesslich eine dauernde Volumvermehrung auftrat. Ausserdem experimentirte Müller mit Traganth, der auch aus sogleich zu erörternden Gründen keine sichere Auskunft gewährt.

Es kommt für die Untersuchung des in Rede stehenden Verhältnisses zunächst darauf an, einen quellbaren organisirten Körper zu verwenden, welcher im Innern absolut frei ist von lufterfüllten Hohlräumen. Aus diesem Grunde sind Erbsen, Bohnen u. s. w. für den Versuch zu verwerfen. Auch der Traganth enthält wie alle Gummiarten eine geringe Menge von Luft eingeschlossen[4]). Es bleiben daher für den Versuch nur übrig die luftfreien Gewebe der marinen Algen. Unter diesen ist bekannt, dass der Thallus jüngerer Pflanzen, speciell der Laubkörper von *Laminaria saccharina* im Innern niemals Luft enthält; noch im getrockneten Zustande ist die Lamina transparent wie eine gefärbte Glastafel. Ein gleiches gilt von *Laminaria digitata*. Allein die älteren Individuen der letzten Art erfahren im Innern ihrer Stämme meistens radial verlaufende Zerreissungen des Gewebes, in

1) Experimental-Untersuchungen über die Keimung der Samen. Sitzungsber. d. Wiener Acad. 1871. p. 425.

2) Handbuch der Samenkunde. 1876. p. 125.

3) Botanische Untersuchungen Band I. p. 116 ff.

4) Vgl. Wiesner, Die Rohstoffe des Pflanzenreichs p. 36.

welchen sich dann Luft ansammelt. Von solcher Luft sind namentlich die als Droguen käuflich zu erhaltenden, alten *Laminaria*-Stämme niemals frei, auf dem Querschnitt der trockenen Masse erscheinen die lufthaltigen Theile als radial verlaufende, weissliche Streifen, bei der Quellung wird die Luft häufig wieder ausgetrieben, die Stücke erscheinen dann ziemlich transparent. Auch diese alten *Laminaria*-Stämme sind daher gänzlich ungeeignet für diese Untersuchungen [1]).

Wenn ein quellendes Gewebe von einem System lufterfüllter Hohlräume durchzogen wird, die sämmtlich unter einander und mit der Oberfläche communiciren, so ist dies der verhältnissmässig günstigere Fall, es kann dann möglicher Weise der zur Bestimmung des Volums angestellte Versuch noch richtig ausfallen. Indem die festen Theile des Körpers durch Quellung sich dehnen, entweicht die Luft und nimmt nun im Wasser ausserhalb des Körpers als freie Luftblase den gleichen Raum ein, wie im Körper, vorausgesetzt, dass der Druck in und ausserhalb des letzteren der gleiche geblieben. Viel ungünstiger gestaltet sich das Verhältniss, wenn die lufterfüllten Hohlräume vollkommen eingeschlossen sind, wenn sie nirgends nach Aussen sich öffnen. Bei der beträchtlichen äusseren Arbeit, welche quellende Substanzen zu leisten vermögen und der grossen Comprimirbarkeit der Luft wird hier bei der Quellung eine Verringerung des Hohlraumes stattfinden, die ungefähr der Ausdehnung des ganzen Körpers proportional ist. Wenn demnach bei der Quellung das Volum des Wassers constant bliebe, so müsste man doch eine scheinbare Verminderung des Gesammtvolums erhalten.

Nur mit luftfreien Körpern darf demnach die Lösung der schwebenden Frage in Angriff genommen werden.

Es wurde ausser dem breiten, mehrfach in Wasser ausgelaugten und getrockneten Laube der *Laminaria saccharina* auch käufliches *Carragheen* angewendet. Letzteres muss sorgfältig auf seine vollständige

---

1) Es findet sich eine Notiz von Sachs, dass eine Contraction des Wassers durch quellende organisirte Substanz herbeigeführt werde. Ob dieser Notiz nur eine Vermuthung oder ein Versuch zu Grunde liege, wird nicht gesagt. (Sachs, über die Porosität des Holzes p. 16.)

Transparenz geprüft werden, selbstverständlich sind die anhaftenden Flustren und andern Verunreinigungen zu entfernen.

Für die Messung des Volums liess ich Picnometer von folgender Beschaffenheit herstellen (2, 1). Ein breiter Glaskolben von über 250 Cubikcentimeter Inhalt trägt zwei Tubuli, a und b; in b ist ein Thermometer sorgfältig eingeschliffen, in a ein enges Steigrohr von 1 Millim. Lumen. Beide Röhren schliessen mit Talg eingerieben vollkommen luftdicht. Das untere Ende des Steigrohrs ragt noch in konischer Verjüngung etwa 2 Centim. tief in das Innere des Gefässes hinab, damit aufsteigende Luftbläschen nicht die Mündung desselben verstopfen können, sondern sich seitlich um das Rohr herumlagern. Für den Versuch wird zunächst das Thermometer eingesetzt, darauf das Gefäss mit der abgewogenen Menge der quellbaren Substanz beschickt, dann rasch Wasser aufgefüllt und das vorher vollgesaugte Steigrohr fest aufgesetzt, welches sich dabei gefüllt erhält. In den meisten Fällen ward dann sogleich noch die obere Oeffnung des Steigrohrs mit einem Tropfen von geschmolzenem Wachs zugedeckt, so dass das ganze Innere des Gefässes nach Aussen hermetisch abgeschlossen war.

Noch ein Punct bedarf kurzer Erörterung, bevor das Ergebniss der Versuche zur Mittheilung gelangt. An den quellbaren Körpern, die trocken in das Picnometer geworfen werden, z. B. *Laminaria*-Streifen oder *Carragheen*-Aesten, bleiben, wenn sie rasch mit Wasser übergossen werden, stets einige Luftblasen haften, welche zu beseitigen unmöglich ist. Allein durch dieselben wird das Resultat der Beobachtung in keiner Weise eingeschränkt, sobald wir mit Wasser operiren, welches mit atmosphärischer Luft gesättigt ist und sobald während der Dauer des Versuchs keine erheblichen Schwankungen des Barometerstandes eintreten. Bleibt der Druck der gleiche, so bleibt auch das Volumen dieser während des Versuchs im Wasser suspendirten Gasblasen constant; dieselben steigen empor und sammeln sich am Scheitel des Gefässes um das Steigrohr herum, in welches sie wegen der eigenthümlichen Construction seiner Mündung nicht hineinzugelangen vermögen.

Wenn nun bei der Quellung thatsächlich eine messbare Volumverminderung des Wassers eintritt, so bleibt zunächst das Niveau der dünnen Wassersäule im Steigrohr unverändert, wenn durch den hermetischen Verschluss der Wachskappe die Einwirkung des Luftdrucks gehemmt wird. Die Contraction des Wassers im Picnometer verursacht nur eine Erweiterung des von den im weiten Theil des Gefässes befindlichen Luftblasen eingenommenen Raumes, der Druck der in ihnen eingeschlossenen Luft wird demnach geringer, als der der äusseren Atmosphäre. Hebt man nun nach bestimmter Zeit, um das Ende des Versuchs herbeizuführen, die Wachskappe vom Scheitel des Steigrohrs ab, so wird der Druck der eingeschlossenen Luft gleich dem der äusseren, die Wassersäule sinkt momentan auf ein niederes Niveau, und in dieser Verkürzung der Wassersäule im Steigrohr gelangt die Volumverminderung des bei der Quellung aufgenommenen Wassers zum Ausdruck. — Die Wachskappe hat hauptsächlich den Zweck, eine Verminderung des eingeschlossenen Wassers durch Verdunstung vollkommen auszuschliessen.

Uebrigens ist bei kurzer Dauer des Versuchs — nicht länger als 15 Minuten — gar kein Verschluss der oberen Oeffnung des Steigrohrs nothwendig, weil der in dieser Zeit eintretende Verlust durch Verdunstung unmerklich ist.

Um so wichtiger ist es, den Einfluss der Capillarität des Rohrs auf das Resultat der Ablesung zu beseitigen. Es gelingt dies leicht durch die Beobachtung der Regel, das Anfangsniveau der Flüssigkeit immer etwa 5 Millimeter unterhalb der Mündung des Rohrs, aber nie dieser letzteren gleich zu setzen; bei einiger Uebung ist das nicht schwer zu erreichen. Steht das Anfangsniveau tiefer als das Ende der Röhre, so macht sich der Einfluss der capillaren Hebung auf dasselbe in dem gleichen Maasse geltend, wie auf das am Ende des Versuchs vorhandene Niveau; die Störung der Ablesung durch die Capillarität ist damit beseitigt.

Bedeutet V die Menge freien Wassers, welches in gewählter Zeiteinheit und bei bestimmter Temperatur von einer constanten Menge organisirter Substanz durch Quellung absorbirt wird, d den Betrag, um welchen während der Quellung die Flüssigkeit im Steigrohr sinkt, c den Coefficienten $r^2 \pi = 0{,}785$, mit welchem d multiplicirt werden muss, um den Cubikinhalt des Röhrenabschnitts von der Länge d zu erhalten, so ist das Volum des vom gequollenen Körper absorbirten Wassers

$$v = V - dc$$

und die Verdichtung beträgt

$$Z = \frac{v}{V}.$$

Versuch 20 bis 22.

5 Gramm lufttrockenes Laub von *Laminaria* nehmen nach mehrfach angestellter Probe bei einer Dauer der Quellung von 12 Minuten und einer Temperatur von 13,5° an Wasser auf

$$V = 11500 \text{ Cubikmillimeter.}$$

Es ward nun das Picnometer mit 5 Gramm *Laminaria* beschickt, möglichst rasch mit Wasser gefüllt — es vergehen darüber immer 30 Secunden — und das Steigrohr aufgesetzt. Das Thermometer zeigte 14°. Nach 12 Minuten sank bei Aufheben der Wachskappe die Flüssigkeitssäule im Steigrohr um 30 Millimeter.

Bei zweimaliger Wiederholung des Versuchs sank die Flüssigkeit um 29 und 31 Millimeter, woraus sich im Mittel berechnet

$$d = 30 \text{ Millimeter.}$$

Hiernach ist

$$\begin{aligned} v &= 11500 - 30 \,.\, 0{,}785 \\ v &= 11476{,}5 \text{ Cubikmillimeter} \\ dc &= 23{,}5 \text{ Cubikmillimeter} \\ Z &= 0{,}998. \end{aligned}$$

Versuch 23 bis 25.

Es ward wie bei der *Laminaria* durch Wägung und Reduction festgestellt, dass 5 Gramm trockenes Carragheen bei 13° in 12 Minuten an Wasser aufnehmen

$$V = 12000 \text{ Cubikmillimeter.}$$

Das Picnometer ward mit 5 Gramm sorgfältig ausgesuchtem Carragheen beschickt, mit Wasser von der Temperatur 13° gefüllt, das Steigrohr eingesetzt. Nach 12 Minuten war die Flüssigkeit gesunken um 35 Millimeter, ohne nachweisbare Temperaturänderung.

Bei zweimaliger Wiederholung des Versuchs sank das Wasser im Rohre um 33 und 28 Millimeter; hieraus ergiebt sich im Mittel

$$d = 32 \text{ Millimeter.}$$

Es ist nunmehr

$$v = 12000 - 32 \, . \, 0{,}785 = 11975 \text{ Cubikmillimeter}$$
$$dc = 25{,}0 \text{ Cubikmillimeter}$$
$$Z = 0{,}997.$$

Der in beiden Versuchsreihen, sowohl bei *Laminaria* als beim Carragheen, gefundene Werth der Verdichtung des Wassers kann nur Anspruch auf genäherte Gültigkeit erheben, ja es ist kaum möglich zu übersehen, bis zu welchem Grade genau der Betrag desselben ist. Ausser anderen sind es besonders zwei Umstände, welche der Genauigkeit der Messung Eintrag thun. Erstens lässt sich der Betrag des während der Quellungsdauer aufgenommenen Wassers nur mit beschränkter Genauigkeit feststellen. Die *Laminaria*- und Carragheenstücke wurden 11 Minuten lang in Wasser gelegt, dann herausgenommen und zwischen Fliesspapier möglichst sorgfältig getrocknet, hierauf rasch gewogen; die mitgetheilten Werthe sind die Mittel aus mehreren Wägungen, allein schon diese konnten für 0,1 Gramm keine Genauigkeit beanspruchen und wurden daher auf 0,5 Gramm abgerundet. — Zweitens ist der Werth der im Rohr des Picnometers abgelesenen Zahl zu gering, weil bereits während des Eingiessens des Wassers und Aufsetzen des Steigrohrs Quellung stattfindet, die Verdichtung in der ersten Quellungsphase aber gerade am bedeutendsten sein muss. Wahrscheinlich sind danach die erhaltenen Maasszahlen etwas zu klein.

Jedenfalls dürfte aber aus den Versuchen qualitativ eine Verdichtung des Wassers bei der Quellung hervorgehen.

Nach den Versuchen von Amaury und Descamps[1]) beträgt die Zusammendrückung des Wassers bei 15° für eine Atmosphäre 0,0000457; runden wir diesen Werth ab auf 0,00005 und vergleichen damit den für die Compression des Wassers bei der Quellung von *Laminaria* gefundenen Werth von 0,002, so entspricht dies einem

---

1) Comptes rendus 68 pag. 1564.

mittleren Druck des Wassers von 40 Atmosphären, wenn lufttrockene *Laminaria* mit 230 Procent Wasser aufquillt.

Immerhin glaube ich, da die in der Anfangsphase der Quellung vorgekommene Verdichtung des Wassers aus oben dargelegtem Grunde nicht mit zur Messung gelangen konnte, dass wir der Wirklichkeit näher kommen, wenn wir den beobachteten Mittelwerth von 40 Atmosphären um 5 erhöhen und daher als mittleren Druck des Wassers während der Quellung

45 Atmosphären

setzen.

Diese Verdichtung würde den Werth der Entbindung von nur 0,05 Wärmeeinheiten für das Gramm Wasser repräsentiren[1]). Wollten wir annehmen, dass alles aufgenommene Wasser als Hülle um die Micellen sich lagere — thatsächlich erfüllt dasselbe auch Interstitien zwischen den Micellen, besonders im Lumen der Zellen — so würden diese 45 Atmosphären nur den mittleren Druck, also den Druck in einer mittleren Schicht der Wasserhülle angeben; den Druck in der äussersten Schicht gleich 1 gesetzt, würde der Druck für die innersten Schichten der um die Micellen gebildeten Wasserhülle sehr viel höher zu veranschlagen sein.

Wir gerathen hiermit vor die Frage, ob dieser Druck des Wassers gegen die Micellen die Kraftquelle ist, welche die innere Arbeit der Quellung verrichtet; allein es fehlt an jeder Möglichkeit, die Beantwortung dieser Frage auf experimentellem Wege in Angriff zu nehmen. Eine theoretische Erörterung dagegen soll später versucht werden. Nur darauf mag noch hingewiesen sein, dass die Kraft, welche die Micellen der festen Substanz aus einander treibt, jedenfalls so gross sein muss, dass sie ausserdem noch den oben ermittelten Betrag an äusserer Arbeit zu verrichten befähigt ist.

Da wir aber nicht im Stande sind, die Kraft zu messen, mit welcher das Wasser von den Micellen angezogen wird, so können wir aus den volumetrischen Beobachtungen die Grösse der inneren Arbeit natürlich nicht bestimmen. —

1) Vgl. Joule in Proceedings of Royal Society IV p. 496; derselbe beobachtete eine im Wasser durch den Druck von 34,3 Atmosphären entstehende Temperatur-Erhöhung von 0,03° Celsius.

Ein zweiter, denkbarer Weg zur Ermittelung der Grösse der inneren Arbeit wäre das calorimetrische Verfahren — allein dasselbe führt eben so wenig zum Ziele.

Durch die Anziehung der Micellen gegen das bei der Quellung aufgenommene Wasser muss Wärme frei werden. Die Quelle für diese Wärme ist gegeben theils in der Hemmung der den Wassermolekeln ertheilten Bewegung an der Oberfläche der Micellen, theils durch die Compression des Wassers. Da wir die Beschleunigung der Wassertheilchen nicht kennen, so ist nur für letztere es möglich, den Wärmewerth zu bestimmen: derselbe beträgt 0,05 Wärmeeinheiten für ein Gramm aufgenommenes Wasser bei einem Quellungsgrade von 230 Procent; dies kann nur ein Bruchtheil der wirklich erzeugten Wärme sein.

Daneben verläuft bei der Quellung ein antagonistisch wirkender calorischer Process. Die Auseinanderzerrung der Micellen durch das eindringende Wasser hat die Verrichtung grosser mechanischer Arbeit zur Voraussetzung; diese innere Arbeit der Quellung repräsentirt einen gewissen negativen Wärmewerth, welcher sich während des Quellungsprocesses als Verschwinden von Wärme geltend machen muss. Wir können die bei der Quellung frei werdende und die dabei gebundene Wärmemenge summiren, indem wir dem einen Summanden ein positives, dem andern ein negatives Vorzeichen geben: die hierbei erhaltene Wärmesumme ist die Resultante der beiden entgegengesetzten Processe, ihre Ermittelung ist das für die experimentelle Untersuchung allein erreichbare Ziel. Wird durch den einen Process genau so viel Wärme vernichtet als durch den andern entwickelt wird, so muss die Summe beider gleich Null werden, bei der Quellung wird dann keine Wärmeänderung beobachtet werden; ist aber das letztere der Fall, so können beide Processe nicht im Gleichgewicht stehen und das Vorzeichen der beobachteten Wärmeänderung lässt erkennen, welcher Process der überwiegende gewesen ist. Weil wir nun ausser Stande sind, die mittlere Beschleunigung sicher zu messen, welche den Wassertheilchen durch die Anziehung der Micellen ertheilt wird, so folgt daraus die Unmöglichkeit, den vollen Werth der inneren Arbeit der Quellung calorimetrisch zu bestimmen. Beobachten wir bei der Quellung eine starke Wärmeentwicklung, so kann dadurch nicht ausgeschlossen sein, dass doch für die Ausführung des Processes eine gewisse Wärmemenge verbraucht wurde, ein Gleiches gilt, wenn sich gar keine Temperaturänderung nachweisen lässt. Zeigt sich dagegen thatsächlich ein durch die Quellung veranlasstes Sinken der Temperatur, so kann daraus unmöglich die gesammte Arbeit berechnet werden, weil sich nur die Differenz gegen den gleichzeitig statt habenden Process der Wärmeentwicklung darin zu erkennen giebt.

Wenn wir nun bei der einen quellenden Substanz a eine positive, bei der Substanz c eine negative Wärmeentwicklung während der Quellung in Wasser beobachten sollten, so lassen sich dafür verschiedene Ursachen geltend machen. Zunächst kann bei c die Cohäsion, also die als Widerstand gegen die Quellung wirkende, micellare Zugspannung grösser sein, als bei a; dann ist für die Quellung eine grössere Arbeit erforderlich, es muss also mehr Wärme verbraucht werden. Oder die Cohäsion in beiden Körpern ist von gleicher Grösse, allein bei a ist die Anziehung zum Wasser beträchtlicher, so dass die Wassertheilchen bei der Sistirung ihrer Bewegung mehr Wärme produciren, als bei c. Endlich kann durch die eigenthümliche Structur von a zu der micellaren noch eine durch capillare Wasseranziehung hervorgerufene Wärmeerzeugung hinzutreten; denn schon lange ist es bekannt[1]), dass fein pulverisirte, unlösliche Substanzen, selbst feiner Quarzsand, bei der Benetzung mit Wasser Wärmeentwicklung zu erkennen geben. Uebrigens dürfen wir wohl annehmen, dass bei der ausserordentlichen Grösse der zwischen den Micellen und Wasser herrschenden Anziehungskraft es immer zu einer sehr beträchtlichen Wärmeentwicklung im Quellungsprocess kommen würde, wenn nicht in allen Fällen der weitaus grösste Theil dieser Wärmemenge zur Arbeitsleistung verbraucht würde. — Dass im Allgemeinen die Grösse der inneren Arbeit der Quellung bei niedrigerer Temperatur beträchtlicher sein muss, als bei höherer Temperatur, braucht wohl kaum hervorgehoben zu werden.

Aus der Literatur sind einige Angaben zu verzeichnen, welche darauf zielen, in quellenden Samen eine Temperaturerhöhung nach-

1) Schon 1822 hat Pouillet bekannt gemacht, dass bei den Absorptionen von Wasser durch organische Substanzen die Temperatur bis + 10° sich zu steigern vermag (Ann. chim. phys. XX p. 41; vgl. auch Jungk in Poggend. Annalen 1865 p. 292).

zuweisen, die nur durch Verdichtung des Wassers zu Stande gekommen sein soll.

So fand Wiesner[1]), dass mit Wasser befeuchtet quellende, beziehungsweise keimende Samen von Anfang an — d. h. 30 Minuten nach Beginn des Versuchs — eine etwas höhere Temperatur als das umgebende Medium zeigten. Weil diese Selbsterwärmung der Samen eintrat, bevor sich das Freiwerden einer entsprechenden Menge von Kohlensäure nachweisen liess — was beim Hanfsamen erst nach 5 Stunden der Fall war — so schloss Wiesner, dass der Temperaturüberschuss nicht vom beginnenden Athmungsprocesse, sondern von Verdichtung des Wassers herrühre. Dagegen würde allerdings der Einwand erhoben werden können, dass bei den Versuchen Wiesner's die der schwachen Wärmebildung der ersten Stunden entsprechende Kohlensäure im neugebildeten Zellsaft des Samengewebes absorbirt worden sei, dass erst CO^2 frei ausgeschieden werden konnte, nachdem die den Samen durchtränkende Flüssigkeit damit gesättigt war. Damit soll gewiss kein Zweifel an der thatsächlich neben der Oxydation hergehenden Wärmebildung durch Wasserverdichtung erhoben werden. Wichtig ist die von Wiesner noch mitgetheilte Thatsache, dass Mehl von Hanfsamen, Gerste, Mais etc. die gleiche Erscheinung der Wärmebildung zeigte, wie die unverletzten Samen. Allein der wirklich entscheidende Versuch durch Beobachtung der momentanen Einwirkung des Wassers auf solche Samenmehle scheint nicht angestellt worden zu sein. An physiologisch verwerthbarem Material wüsste ich hier sonst nur noch die von Sachs[2]) mitgetheilte Notiz zu erwähnen, wonach in trockenem Stärkemehl, als es mit Wasser von derselben Temperatur gesättigt wurde, die Temperatur sich um 2° C. hob.

Es waren daher eigene Untersuchungen über den Wärmeeffect der Quellung erforderlich.

Jeder Versuch zur Bestimmung des thermischen Resultats der Quellung hat die Kenntniss der specifischen Wärme der in Betracht kommenden Substanzen zur Voraussetzung; da zu den Versuchen

1) Experimentaluntersuchungen über die Keimung der Samen. Erste Reihe. Sitzungsber. d. Wiener Akademie 1871. p. 415 ff.

2) Handbuch der Experimentalphysiologie p. 217.

Erbsen und *Laminaria*-Stämme verwandt wurden, so musste zunächst die specifische Wärme dieser beiden Körper festgestellt werden.

Zur Bestimmung der specifischen Wärme bediente ich mich eines vorzüglichen Exemplars des Apparates von Neumann[1]; als Flüssigkeit zur Füllung des Calorimeters benutzte ich Terpentinöl von der specifischen Wärme = 0,426; die Erbsen wurden geschält, aber unzerkleinert in den Hahn des Apparates eingeführt, die *Laminaria* in erbsengrosse Stücke zersägt.

Da es sich bei der Bestimmung der specifischen Wärme um ganz feststehende, der Physik angehörige und überdies allgemein bekannte Methoden handelt, so ist es überflüssig, das Verfahren selbst hier noch zu schildern. Die als Ergebniss im Folgenden mitgetheilten Zahlen sind jede das Mittel aus mehreren Bestimmungen, die aber nur unerheblich von einander abweichen.

Als Werth der specifischen Wärme ward gefunden:

a. für lufttrockene geschälte Erbsen = 0,490,
b. für Erbsen mit 80 Gew.-Pct. Wassergehalt = 0,669.
c. für lufttrockene *Laminaria* = 0,432,
d. für *Laminaria* mit 66 Gew.-Pct. Wassergehalt = 0,661.

Es ist selbstverständlich, dass man bei der Bestimmung der specifischen Wärme organisirter Substanzen keinen so hohen Grad von Genauigkeit fordern darf, wie z. B. für chemisch reine Flüssigkeiten oder Metalle von genau bekanntem specifischem Gewicht. Schon die geringen Schwankungen am Gehalt von Wasser im lufttrockenen Zustande müssen entsprechende Schwankungen der specifischen Wärme, im Gefolge haben. Für den hier angestrebten practischen Zweck halte ich jedoch die mitgetheilten Bestimmungen für ausreichend.

Uebrigens darf nicht verschwiegen werden, dass für stärkehaltige Samen, wie die Erbsen, es wünschenswerth wäre, die Bestimmung der specifischen Wärme auch nach der eiscalorimetrischen Methode von Bunsen ausgeführt zu sehen, was mir zur Zeit nicht möglich war.

1) Vgl. Poggendorf's Annalen XXIII.

Nach der Methode von Neumann[1]) müssen die Körper bis zur Temperatur von 100° C. erwärmt werden, wodurch in den Stärkekörnern bereits eine theilweise Dissociation der Micellen hervorgerufen wird, so dass die hier für Erbsen mitgetheilten Zahlen genau genommen nur für Erbsen, die vorübergehend bis zu 100° C. erwärmt wurden, Gültigkeit besitzen; immerhin ist wenig wahrscheinlich, dass die specifische Wärme der Substanz durch diese Erhitzung erhebliche Aenderung erleiden sollte.

Für *Laminaria* war es mir nicht möglich, irgend welche Aenderungen im Quellungsvermögen durch die im Neumann'schen Apparate nothwendige Erwärmung nachzuweisen.

Vergleichen wir nun mit den empirisch ermittelten Zahlen für die zu unseren Versuchen verwandten Substanzen die hypothetische durchschnittliche specifische Wärme, welche sich für den gequollenen Zustand aus dem bekannten Verhältniss von trockener Masse und Wasser und deren specifischer Wärme berechnen lässt, wenn wir die specifische Wärme des Wassers = 1,001 setzen, so ergeben sich folgende Unterschiede:

a. für gequollene Erbsen von 80 % Wassergehalt.

Die specifische Wärme gefunden = 0,669.

„ „ „ berechnet = 0,717.

b. für gequollene *Laminaria* von 60 % Wassergehalt.

Die specifische Wärme gefunden = 0,661

„ „ „ berechnet = 0,657.

1) Man könnte auch gegen das benutzte Verfahren den Einwand erheben, dass bei der Erwärmung die organisirten Körper, insbesondere die gequollenen, noch einen Theil ihres Wassers verlieren müssen. Dagegen ist zu bemerken, dass während der Erwärmung die Erbsen und *Laminaria*-Stücke den Behälter des Apparates ganz erfüllten, das aus ihnen verdampfende Wasser also nur als gesättigter Dampf die Hohlräume zwischen den Stücken einnehmen konnte. In dem Moment, wo der Hahn geöffnet ward, musste dieser Dampf sich an der Oberfläche der Erbsen etc. wieder condensiren und bis auf einen verschwindenden Bruchtheil mit in das Calorimetergefäss hinein gerissen werden. Dies ist daraus zu folgern, weil die Substanz im Calorimeter noch einmal gewogen wurde und sich für die Substanz nur ein so geringer Gewichtsverlust nachweisen liess, dass er auf die Rechnung von keinem wesentlichen Einfluss sein konnte, dennoch aber berücksichtigt ward.

Hieraus stehe ich nicht an, zunächst für *Laminaria* den Schluss zu ziehen, dass dieselbe im gequollenen Zustande eine specifische Wärme besitzt, welche der mittleren specifischen Wärme aus derjenigen der trockenen *Laminaria* und des Wassers nach Maassgabe des Gewichtsverhältnisses beider Körper entspricht; die geringe Abweichung, welche die beiden Werthe zeigen, liegt innerhalb der zuzulassenden Genauigkeitsgrenzen. Jedenfalls kann man unbedenklich für jede *Laminaria*, welche mehr Wasser enthält, als 66 Procent, die berechnete als die wirkliche specifische Wärme annehmen, weil eine Abweichung von dieser Regel höchstens für jüngere Quellungsstufen erwartet werden kann. Für die experimentelle Bestimmung der Wärmeentwicklung ergeben sich daraus bedeutende Erleichterungen.

Etwas beträchtlicher ist schon die Differenz zwischen den beiden Werthen bei der Erbse, so dass thatsächlich eine geringe Wärmeproduction auf Kosten dieser Differenz gesetzt werden dürfte[1]).

Versuch 26 bis 28.

Ein kleines, aus sehr dünnem Messingblech gefertigtes cylindrisches Calorimeter von 50 mm Höhe und 35 mm Durchmesser ruhte auf drei Holzspitzen, im Uebrigen stand es frei bis zum Rande im Innern einer grossen hölzernen Dose (vergl. Fig. 2 auf Taf. 2), so dass es erst von einer Schicht trockener Luft, sodann von einem centimeterdicken Holzmantel von der Zimmeratmosphäre abgesondert war. Das Calorimeter ward mit 6 Gramm sehr feinen, trockenen Drehspähnen von käuflicher *Laminaria* beschickt und ein empfindliches Thermometer mit dünner, cylindrischer Quecksilbercüvette in die Drehspähne eingesenkt. Dicht über dem Calorimeter schwebte die untere, durch Quetschhahn verschlossene Oeffnung einer calibrirten Bürette, welche an einem Eisenstativ befestigt war, das mit der Hand zurückgeschoben werden konnte. In die mit Wasser gefüllte Bürette ward ein zweites Thermometer von gleicher Beschaffenheit eingesenkt, dessen Abweichung

1) Nur in aller Kürze sei hier auf die bekannte Thatsache hingewiesen, dass wenn die empirisch bestimmte specifische Wärme einer Mischung geringer ist, als die mittlere specifische Wärme der beiden Componenten, und wenn gar keine positive oder negative Mischungswärme producirt wird, das Thermometer stets bei der Mischung eine Erwärmung anzeigen muss.

vom ersten durch sorgfältige Vergleichung festgestellt worden war. Der ganze Apparat wurde in einem Nordzimmer von sehr gleichmässiger Temperatur so lange stehen gelassen, bis nicht nur das Wasser und die *Laminaria*-Spähne vollkommen gleiche Temperatur besassen, sondern auch diese Temperatur mindestens eine Viertelstunde lang übereingestimmt hatte. Dann ward rasch das Thermometer aus der Bürette entfernt und durch Oeffnen des Quetschhahns 4 Gramm Wasser in das Calorimeter einströmen gelassen. Während mittelst eines passenden Rührers für möglichst schnelle und vollständige Mengung der feinen *Laminaria*-Drehspähne mit dem Wasser gesorgt ward, wurde die Aenderung im Stande der Quecksilbersäule des Thermometers bis zu dem Puncte beobachtet, wo dieselbe sich am weitesten von der Ausgangstemperatur entfernt hatte und nun wieder Kehrt machte; dieser Punct ward notirt. Die Beobachtungsprotocolle über den an drei verschiedenen Tagen wiederholten Versuch[1]) lauten:

a.

Gewicht der *Laminaria*	: 6,0
Temperatur "	: 14,6° C.
Gewicht des Wassers	: 4,0
Temperatur "	: 14,6°
Quellungstemperatur	: 12,6°.

b.

Gewicht der *Laminaria*	: 6,0
Temperatur "	: 14,5°
Gewicht des Wassers	: 4,0
Temperatur "	: 14,5°
Quellungstemperatur	: 12,8°.

c.

Gewicht der *Laminaria*	: 6,0
Temperatur "	: 15,0°
Gewicht des Wassers	: 4,0
Temperatur "	: 15,0°
Quellungstemperatur	: 13,3°.

1) Die Zeitdauer von dem ersten Zuströmen von Wasser zu den quellenden Substanzen bis zur Ablesung der Temperatur überschritt niemals 1 Minute.

In allen drei Versuchen sank während der Quellung die Temperatur übereinstimmend um 1,7° C.

Um aus den vorstehenden Daten die Menge Q der bei der Mischung gebundenen Wärme zu berechnen, hat man sich der nachstehenden Formel[1]) zu bedienen:

$$Q = (c \, . \, (P + p) + \pi) \, a.$$

In dieser Formel bedeutet:

c die specifische Wärme der gequollenen Substanz,

P das Gewicht der *Laminaria*,

p das Gewicht des Wassers,

π die Summe der Wasserwerthe des Calorimeters, des Thermometers und des Rührers,

a die Höhe der Temperaturänderung bei der Quellung.

Der Werth von π ward nach bekannter Regel[2]) festgestellt auf 1,5.

Für den Werth von c wollen wir das Mittel aus der empirisch gefundenen Zahl = 6,61 und der berechneten Zahl = 6,57 setzen, also 0,659.

Folglich stellt sich die Rechnung:

$$Q = (0{,}659 \, . \, (6{,}0 + 4{,}0) + 1{,}5) \, . \, 1{,}7$$
$$Q = -\ 13{,}753 \text{ Wärmeeinheiten.}$$

Im Werthe dieser Grösse Q besitzen wir die gesuchte algebraische Summe der Wärmeentwicklungen während der Quellung; sie musste negativ ausfallen, weil a einen negativen Werth besitzt.

Reduciren wir Q auf die Gewichtseinheit, so berechnet sich der thatsächliche (d. h. messbare) Wärmeverbrauch von 1 Gramm natürlicher (als Drogue käuflicher) *Laminaria* bei der Quellung mit 66 % Wasser unter dem normalen Druck einer Atmosphäre auf

$$Q = 2{,}292 \text{ Wärmeeinheiten.}$$

Dies entspricht einem Werth an mechanischer Arbeit von

$$\mathfrak{A} = 0{,}972 \text{ Kilogrammmeter.}$$

---

1) Vergl. den trefflichen Aufsatz von Winkelmann: „Ueber den Wärmeverbrauch beim Auflösen von Salzen und die specifische Wärme von Salzlösungen“ in Poggend. Annalen 1873, Band 29, p. 1 ff.

2) Vergl. Kohlrausch, Leitfaden der practischen Physik p. 77.

Versuch 29 bis 31.

Das Calorimeter ward mit 10,0 Gramm natürlichem Erbsenmehl beschickt und dieses unter Umrühren in 8,0 Gramm Wasser der gleichen Temperatur quellen gelassen. Der dreimal wiederholte Versuch ergab Folgendes:

a.

Gewicht des Erbsenmehls	: 10,0
Temperatur „	: 15,1°
Gewicht des Wassers	: 8,0
Temperatur „	: 15,1°
Quellungstemperatur	: 16,1°.

b.

Gewicht des Erbsenmehls	: 10,0
Temperatur „	: 16,9°
Gewicht des Wassers	: 8,0
Temperatur „	: 16,9°
Quellungstemperatur	: 17,9°.

c.

Gewicht des Erbsenmehls	: 10,0
Temperatur „	: 15,8°
Gewicht des Wassers	: 8,0
Temperatur „	: 15,8°
Quellungstemperatur	: 16,8°.

In den drei Versuchen trat übereinstimmend bei der Quellung eine Temperaturerhöhung um 1 Grad Celsius hervor.

Versuch 32 bis 34.

Anstatt des natürlichen Erbsenmehls ward Erbsenmehl genommen, welches vorübergehend bis auf 100° C. erwärmt worden war.

a.

Gewicht des Erbsenmehls	: 10,0
Temperatur „	: 17,8°
Gewicht des Wassers	: 8,0
Temperatur „	: 17,8°
Quellungstemperatur	: 18,6°.

b.

Gewicht des Erbsenmehls	:	10,0
Temperatur „	:	14,1°
Gewicht des Wassers	:	8,0
Temperatur „	:	14,1°
Quellungstemperatur	:	14,8°.

c.

Gewicht des Erbsenmehls	:	10,0
Temperatur „	:	15,1°
Gewicht der Wassers	:	8,0
Temperatur „	:	15,1°
Quellungstemperatur	:	15,9°.

Für diese drei Versuche wollen wir als Mittelwerth der mit der Quellung eingetretenen Temperaturerhöhung 0,8° gelten lassen.

Die beiden Parallelreihen von Versuchen mit natürlichem und mit erhitztem Erbsenmehl wurden angestellt, um zu untersuchen, ob im calorischen Verhalten der beiden Zustände ein Unterschied hervortrete; und dieser Unterschied ist in der That deutlich genug.

Wenn wir annehmen, dass die specifische Wärme bei den Mehlsorten die gleiche sei, nämlich für den gequollenen Zustand von 80 Pct. Wassergehalt gleich 0,669, so berechnet sich nach der oben benutzten Formel für das erhitzte Erbsenmehl

$$Q = (0{,}669 \,.\, (10{,}0 + 8{,}0) + 1{,}5) \,.\, 0{,}8$$
$$= + 10{,}8336 \text{ Wärmeeinheiten.}$$

Dies macht für 1 Gramm trockene Substanz und 80 Pct. Wassergehalt

$$Q = + 1{,}083 \text{ Wärmeeinheiten.}$$

Dieselben entsprechen einem Werth an mechanischer Arbeit von

$$\mathfrak{A} = 0{,}459 \text{ Kilogrammmeter.}$$

Für das natürliche Erbsenmehl ist dagegen

$$Q = (0{,}669 \,.\, (10{,}0 + 8{,}0) + 1{,}5) \,.\, 1{,}0$$
$$= + 13{,}542 \text{ Wärmeeinheiten,}$$

woraus sich für 1 Gramm trockener Substanz berechnet

$$Q = + 1{,}354 \text{ Wärmeeinheiten},$$

welche einem Arbeitswerth entsprechen von

$$A = 0{,}574 \text{ Kilogrammmeter}.$$

Die nach dieser Rechnung, d. h. unter der Voraussetzung gleicher specifischer Wärme, bei Quellung von einem Gramm natürlichem Erbsenmehl mehr frei gewordene Wärmemenge als bei der Quellung von einem Gramm erhitztem Erbsenmehl repräsentirt einen Arbeitswerth von 0,115 Kilogrammmeter.

Wenn wir berücksichtigen, dass durch die Erhitzung auf 100° C. eine partielle Dissociation der Stärkekörner in den trockenen Erbsen Platz greifen musste, man könnte sagen eine Vervielfältigung der Micellen, dass daher im erhitzten Erbsenmehl die Stärkekörner stärker aufquellen als im natürlichen (was auch die Beobachtung unter dem Mikroskop direct zeigte), so findet der grössere Verbrauch von Wärme, beziehungsweise mechanischer Arbeit bei der Quellung des erhitzten Erbsenmehls eine einfache Erklärung. Wir müssen sogar wegen der veränderten Eigenschaften der Stärkekörner einen solchen Ausfall an Wärme verlangen, derselbe kann uns demnach nicht zwingen, daraus auf eine Verschiedenheit der specifischen Wärme im natürlichen und im erhitzten Erbsenmehl zu schliessen.

Wie dem aber auch sein mag, unter Zulassung eines in der letzteren Hinsicht möglichst skeptischen Standpunctes — wonach die für das natürliche Erbsenmehl mitgetheilten Beobachtungen einfach ignorirt zu werden brauchen — wollen wir zur Discussion der wichtigsten aus unseren Versuchen hervorleuchtenden Thatsache übergehen, dass nämlich die Summe der calorischen Processe bei Quellung der Erbse einen positiven Werth besitzt, während sie bei der Quellung von *Laminaria* negativ ausfiel.

Zuerst müssen wir untersuchen, ob diese Wärmeentbindung überhaupt von der Differenz zwischen der thatsächlich für die gequollenen Erbsen gefundenen specifischen Wärme und der als Mittelwerth berechneten specifischen Wärme herrühren könne. Nehmen wir diesen Ueberschuss des letzteren Werthes (vergl. oben p. 72) auf rund 0,050 an, so würde diese Differenz den Werth der Wärmeproduction von 1 Gramm erhitztem Erbsenmehl = 1,083 um 0,192 vermindern; es bliebe dann noch immerhin + 0,891 Wärmeeinheiten, welche dem Wärmeverbrauch bei der Quellung von *Laminaria* gegenüber anderweitig erklärt sein wollen.

Es ward oben hervorgehoben, dass bei der Quellung organisirter Substanzen neben einander ein Wärmeverbrauch — durch Verrichtung mechanischer Arbeit — und eine Wärmeproduction — durch die Anziehung der Micellen zum Wasser — stattfinde und dass die Summe beider positiv oder negativ ausfallen müsse, je nach dem Ueberwiegen des einen oder des andern Processes.

Beobachten wir nun, wie bei der natürlichen *Laminaria*, ein Verschwinden von Wärme während der Quellung, so haben wir uns daran zu erinnern, dass neben dem Quellungsprocess her auch ein Theil der Trockensubstanz in Lösung überzugehen vermag. Insbesondere sind es bei *Laminaria* nicht sowohl organische Verbindungen, als vielmehr die anorganischen Salze des Meerwassers, welche im Gewebe derselben (auch bei sorgfältiger Reinigung der Aussenfläche) in Menge vorhanden sind, voran das Chlornatrium. Um nun das calorische Verhalten des Quellungsprocesses in reiner, von diesen Lösungsvorgängen ungetrübter Form kennen zu lernen, wurden die feinen Drehspähne der *Laminaria*, welche bei Benetzung mit Wasser momentan aufquellen, wiederholt in immer erneutem destillirten Wasser ausgewaschen, bis keine nennenswerthe Substanzmenge mehr in Lösung ging und dann in der Sonne getrocknet, ein Verfahren, durch welches das Quellungsvermögen der wirklich quellbaren Substanz nicht wesentlich beeinträchtigt wird. Die Untersuchung über die Quellungswärme dieser ausgewaschenen und getrockneten Masse ergab ein überraschendes Resultat.

Versuch 35 bis 37.

a.

Gewicht der ausgewaschenen *Laminaria*	:	6,0
Temperatur „ „	:	20,0°
Gewicht des Wassers	:	4,0
Temperatur „	:	20,0°
Quellungstemperatur	:	21,0°.

b.

Gewichtsverhältniss wie unter a
Temperatur von *Laminaria* und Wasser getrennt : 18,7°
Quellungstemperatur : 19,6°.

c.

Gewichtsverhältniss wie bisher
Gemeinsame Temperatur vor der Quellung : 19,3°
Quellungstemperatur : 20,3°.

Es geht also schlagend aus diesen Versuchen hervor, dass während bei der Quellung der natürlichen (als Drogue käuflichen) *Laminaria* ein beträchtlicher Wärmeverbrauch stattfindet, durch die Quellung von ausgewaschener *Laminaria* Wärme entbunden wird. Durch diesen Versuch wird ein mit demjenigen der Erbse völlig identisches Verhalten bei der Quellung hergestellt.

Ich glaube kaum, dass es nothwendig ist, weitläufige Hypothesen über eine durch das Auswaschen und dann wieder Trocknen erzeugte Auflockerung des molecularen Gefüges von *Laminaria* zu ersinnen. Ich denke, dass es ausreichen wird, auf die thatsächliche Entfernung löslicher Stoffe hinzuweisen, deren Lösung bei der natürlichen *Laminaria* einen so beträchtlichen Wärmeaufwand erforderte, dass dadurch nicht bloss die wahre positive Quellungswärme maskirt wurde, sondern auch noch ein Ueberschuss von negativer Wärme zu Tage trat.

Nehmen wir die specifische Wärme zu 0,66 an, so beträgt die Menge der durch die Quellung von ausgewaschener *Laminaria* erzeugten Wärme

$$Q = (0{,}66 \,.\, (6{,}0 + 4{,}0) + 1{,}5) \,.\, 1.$$
$$Q = +\ 8{,}1 \text{ Wärmeeinheiten.}$$

Für die Quellung von 1 Gramm Trockensubstanz mit 66 Pct. Wasser beträgt demnach

$$Q = +\ 1{,}35 \text{ Wärmeeinheiten,}$$

welche einen Arbeitswerth repräsentiren von

$$A = 0{,}572 \text{ Kilogrammmeter.}$$

Allerdings wird diese Berechnung der producirten Wärmemenge mit einem kleinen Fehler behaftet sein, insofern die specifische Wärme der ausgewaschenen Substanz eine geringe Aenderung erfahren haben muss im Vergleich zur nicht ausgewaschenen. Immerhin kann die dadurch entstehende Differenz nicht beträchtlich sein[1]) und ist die absolut genaue numerische Bestimmung der Quellungswärme für den nächstliegenden Zweck, die Ermittelung der inneren Arbeit, direct doch nicht verwerthbar. Uebrigens behalte ich mir vor, bei eintretender anhaltender Winterkälte die Bestimmung der specifischen Wärme vegetabilischer Substanzen nach Bunsen's Methode wieder aufzunehmen und zugleich eine möglichst genaue Bestimmung der Quellungswärme verschiedener Körper durchzuführen.

Hier kommt es nur darauf an, den Ausschlag und sein Vorzeichen im Allgemeinen zu kennen, und weil derselbe bei der ausgewaschenen *Laminaria* ebenfalls positiv ist, gelingt es damit, die Quellungswärme der *Laminaria* und der Erbse unter einem gemeinsamen Gesichtspuncte zu behandeln. Dass die Art der Zerkleinerung bei der letzten Substanz keinen Einfluss übt auf ihr calorisches Verhalten, geht noch aus einem Versuch hervor, bei welchem äusserst feine, auf der Drehbank gefertigte Spähne aus trockenen Erbsen, von denen alle kleineren Fragmente abgesiebt waren, bei der Quellung die gleiche Wärmemenge entbanden, wie oben für das natürliche Erbsenmehl angegeben worden ist.

Stellen wir nunmehr die Frage, welche Schlüsse sich aus dem calorimetrischen Verhalten der Substanz für die Bestimmung oder auch nur die Taxirung der inneren Arbeit ableiten lassen, so geht, wenn wir die Voraussetzung machen, dass keine unübersehbaren chemischen Veränderungen von bedeutender Energie bei der Quellung statthaben, — aus den mitgetheilten Thatsachen bestimmt genug hervor, dass der in der Anziehung der Micellen zum Wasser gegebene Vorrath an mechanischer Arbeit beträchtlich grösser ist, als die Ueberwindung der Cohäsions-Widerstände bei der Quellung erfordert, beträchtlich grösser ist, als für die zu verrichtende innere Arbeit der Quellung nothwendig wäre.

Die Grösse der inneren Arbeit der Quellung ist aber aus der Quellungswärme nicht erkennbar, weil wir ausser Stande sind, die

1) Denn während die für die Ermittelung der specifischen Wärme benutzten *Laminaria*-Stücke im Wasser quollen, ging bereits ein grosser Theil der löslichen Substanzen in das Wasser über.

Attractionswärme des Wassers für den Fall zu bestimmen, dass keine mechanische Arbeit geleistet zu werden braucht.

Die Messung der inneren Arbeit der Quellung bleibt demnach Problem. Sicherlich muss aber der Vorrath an Spannkraft für Verrichtung innerer Arbeit, welcher im Getrenntsein von trockener organisirter Substanz und Wasser gegeben ist, eine enorme Grösse besitzen.

III. Beschleunigung und Hemmung der Quellung durch äussere Ursachen.

I. Der Einfluss der Temperatur auf den Gang der Quellung.

In einer kürzlich erschienenen Arbeit ist von Dimitrievicz[1]) gezeigt worden, dass die Geschwindigkeit der Quellung von Samen mit zunehmender Temperatur sich steigert; die Menge des in bestimmten Zeiträumen von den Samen aufgenommenen Wassers wurde sowohl volumetrisch als auch durch Wägung bestimmt. Aus den vom Autor mitgetheilten Beobachtungen möge als Beispiel der Gang der Gewichtszunahme der quellenden Kichererbse bei verschiedenen Temperaturen hier Platz finden:

Temper. des zur Quellung dienend. Wassers °C.	Gewichtszunahme der Samen in Pct. nach			
	6	12	24	48
	Stunden			
5	60,0	79,5	91,6	101,0
10	63,5	82,2	100,0	101,0
15	75,0	97,5	101,5	101,5
35	97,5	99,0	101,3	101,3

---

1) Wissensch. practische Untersuch. auf dem Gebiete des Pflanzenbaues, herausgegeben von Fr. Haberlandt I. p. 75 ff.

Aus seinen Versuchen leitet Dimitrievicz die Regel ab, dass die Quellung bei erhöhter Temperatur rascher vor sich geht, als bei niedriger. Aber noch ein zweites Gesetz gelangt in dem mitgetheilten Beispiel zum Ausdruck, welches vom Autor nicht hervorgehoben wird, dass nämlich das Quellungsmaximum bei verschiedenen Temperaturen gleich hoch liegt, aber in verschiedenen Zeiten erreicht wird; die Länge dieser Zeiten verhält sich umgekehrt, wie die Höhe der Temperatur. —

Steigerung der Temperatur muss den Quellungsprocess in verschiedener Weise beschleunigen. Zunächst wird die Disgregation des quellenden Körpers dadurch erhöht, zugleich die lebendige Kraft seiner Micellen. Ebenso vermehrt sich die lebendige Kraft der Molekeln des Wassers, auch die Disgregation desselben wächst, wenn wir von dem abweichenden Verhalten dieses Körpers in der Nähe des Gefrierpunctes absehen. Da die Kräfte, mit welchen die Micellen des festen Körpers einander anziehen, um so geringer werden, je grösser ihr Abstand ist, so muss schon die Steigerung der Disgregation, indem sie die innere Arbeit der Quellung verringert, eine Beschleunigung des Processes herbeiführen.

Das Quellungsmaximum muss aber von der Temperatur unabhängig sein, sofern durch Steigerung oder Verminderung derselben die Grösse der Anziehung der Micellen zum Wasser sich nicht ändert.

Es bleibt aber wohl zu beachten, dass nicht unter allen Umständen die Geschwindigkeit der Quellung bei höherer Temperatur beträchtlicher ist, als bei niederer: der Satz hat nur Geltung für gleiche Quellungsphasen. In den letzten Phasen der Quellung wird bei höherer Temperatur die Quellungsgeschwindigkeit doch eine geringere sein, als in den Anfangsphasen bei niederer Temperatur. Denken wir uns den Gang der Quellung bei hoher und niederer Temperatur als Curven dargestellt, so erhalten wir im ersteren Fall eine höhere, steilere und kürzere, im zweiten Fall eine niedrigere, weniger steile aber länger ausgezogene Curve; beide Curven werden sich schneiden.

Meine eigenen Versuche bestätigen die Sätze, 1. dass die Geschwindigkeit der Quellung mit zunehmender Temperatur sich steigert und 2. dass das Quellungsmaximum (oberhalb des Gefrierpunctes) be verschiedenen Temperaturen das gleiche ist.

Die Geschwindigkeit der Quellung ward bestimmt durch Messung der Volumenzunahme in gewissen Zeiten, ich benutzte dafür grösstentheils einen schmalen Glascylinder, dessen Volum bis zu einer am oberen Theil befindlichen Marke genau bestimmt war. Es wurden nun eine Anzahl geschälter und getödteter Erbsen[1]) in den Cylinder eingefüllt und letzterer aus einer calibrirten Bürette bis zur Marke mit verdünntem Alcohol (um das Hängenbleiben von Luftblasen zu vermeiden) gefüllt. Die Differenz des bekannten Volums des Cylinders und der aus der Bürette ausgeflossenen Flüssigkeitsmenge ergab das Volum der Erbsen; waren dieselben bereits gequollen, so ward zur Volumbestimmung Wasser anstatt der Alcoholmischung genommen. Das Abtrocknen der Erbsen geschah durch vorsichtiges Rollen zwischen zwei Tüchern. Der Fehler betrug bei dieser Bestimmung höchstens 0,1 ccm, ein für meine Zwecke ausreichender Grad von Genauigkeit.

Eine genauere Volumbestimmung gestattet folgende Vorrichtung. Auf einem Brette befindet sich ein aufrechter Glascylinder eingelassen, daneben eine eiserne Stativstange. An dieser Stange ist in einer federnden Hülse vertikal verschiebbar ein horizontaler Arm befestigt, welcher am freien Ende einen langen, senkrecht nach unten ragenden, spitzen Dorn trägt. Die Spitze dieses Dorns lässt sich mehr oder weniger tief in den Glascylinder einsenken, Marken am Stativ bezeichnen das Volum des Gefässes unterhalb der Spitze des Dorns. Man füllt nun das Gefäss mit Wasser, bis die Wasserfläche die Spitze des Dorns berührt, die Methode ist so genau, dass schliesslich ein einziger Tropfen aus der Bürette die Berührung herbeiführt.

Versuch 38.

Drei Portionen von je 15 geschälten Erbsen und dem Volum a = 4,0; b = 4,4; c = 4,3 ccm wurden zwei Stunden lang quellen gelassen

1) Die Tödtung wurde dadurch vollzogen, dass ich die Erbsen eine verdünnte Sublimatlösung aufsaugen und sie dann wieder austrocknen liess. Uebrigens ist dies zur Verhinderung von Wachsthumserscheinungen nicht einmal nothwendig, weil Erbsen unter Wasser keine Spur von Wachsthum zeigen.

a draussen im Freien bei 8 bis 6° C.
b im Zimmer fern vom Ofen bei 18° C.
c nahe am Ofen bei 38 bis 36° C.

Nach Ablauf der Zeit zeigten die Erbsen folgende Zunahme in Volumprocenten:

a = 13,6 Pct.; b = 35 Pct.; c = 74,4 Pct.

Versuch 39.

Drei Portionen von je 15 geschälten Erbsen und dem Volum in ccm: a = 3,7; b = 3,9; c = 3,7 wurden am 19. November quellen gelassen: a im Freien, b im Zimmer, c am Ofen. Während des ganzen Versuchs schwankte die Temperatur bei a zwischen 7 und 8°, bei b zwischen 16 und 18°, bei c zwischen 40 und 46° Celsius (wie alle in der Arbeit vorkommenden Temperaturangaben). Der Versuch begann um 9 Uhr 50 Min. Vormittag; die Quellungszunahme betrug in Volumprocenten:

Uhr	a	b	c
10.30	5,4	15,4	83,8
11.30	10,8	51,2	116,2
3.30	62,1	107,7	121,6
6.30	97,3	115,9	121,6.

Nach längerem Liegenlassen dehnte auch a sich schliesslich um 119,0 Pct. aus.

Versuch 40.

Am 25. November wurden wieder 3 Portionen von je 15 Erbsen quellen gelassen. Die Volumina der trockenen, geschälten Erbsen betrugen in ccm:

a = 3,6; b = 3,4; c = 3,6.

a stand draussen, b im Zimmer, c in der Nähe des Ofens; die Zunahme in Volumprocenten ist in folgender Tabelle unter der Columne za, zb, zc verzeichnet. Der Versuch begann um 9 Uhr 45 Min. früh bei den Temperaturen a = 8°, b = 20°, c = 37°.

Uhr	Tp. a	za	Tp. b	zb	Tp. c	zc
11.45	8°	14,0	20°	56,0	37°	77,7
1.45	8°	27,8	20°	88,9	36°	116,6
3.45	5°	41,7	20°	132,3	36°	116,6
5.45	5°	69,4	19°	132,3		—
7.45	5°	80,6		—		—
9.45	4°	94,4		—		—

Die mit a bezeichneten Erbsen blieben die folgende Nacht über im Freien, wo die Temperatur nicht auf den Gefrierpunkt sank. Am 26. Nov. früh 8 Uhr 45 Min. betrug bei 5° das Volum 7,2 ccm; was einer Volumvermehrung von 100 Pct. entspricht; dieses Volum blieb noch mehrere Stunden constant, es steigerte sich auch nicht, nachdem die Erbsen noch 6 Stunden lang im Wasser von 36° gelegen hatten und dann wieder entsprechend abgekühlt waren.

Es geht hieraus hervor, dass die beträchtlichen Schwankungen im Quellungsmaximum nicht von der Temperatur abhängen, sondern in individuellen Differenzen der Organisation der Erbsen ihren Grund besitzen.

Versuch 41.

Zwei Portionen von 15 geschälten Erbsen wurden bei Null Grad bis zum Maximum quellen gelassen; die Volumina betrugen

trocken a = 3,8; b = 4,0,
gequollen nach 16 Stunden a = 7,3; b = 7,6,
„ nach 24 Stunden a = 8,1; b = 8,2,
„ nach 40 Stunden a = 8,2; b = 8,5.

Damit war das Maximum erreicht, eine fernere Steigerung fand nicht statt, auch nicht, als die Erbsen drei Stunden lang in Wasser von 30° gelegt wurden.

Versuch 42.

Zwei Portionen von je 20 geschälten Erbsen wurden bei + 4° C. zwei Stunden lang quellen gelassen. Die Volumina betrugen trocken a = 4,8; b = 4,8, gequollen nach 2 Stunden a = 5,8; b = 5,8. Hieraus berechnet sich eine Zunahme des Volums um 20,8 Pct.

Der Versuch ward wiederholt mit folgendem Resultat:

Volum der Erbsen trocken: a = 6,2; b = 6,3,

Volum der Erbsen nach zweistündiger Quellung : a = 8,0; b = 8,1.

Zunahme in Volumprocenten: a = 29,0; b = 28,6.

Während des letzteren Versuchs sank die Temperatur langsam von + 5° auf + 3°.

Versuch 43.

Zwei Portionen von je 20 geschälten Erbsen quollen zwei Stunden lang bei 0°.

Volumina trocken : A = 5,7; B = 5,4.

Nach der Quellung : A = 6,6; B = 6,6.

In Procenten betrug die Zunahme:

A = 15,8; B = 22,2.

Obgleich das Ergebniss dieser letzten zwei Versuche kein ganz befriedigendes ist, so scheint doch danach der grössten Dichtigkeit des Wassers keine besondere Wirkung zu entsprechen.

---

2. Der Widerstand der Lösungen gegen die Quellung.

Während die Zufuhr von Wärme dazu dient, die inneren Widerstände der Quellung leichter zu brechen, so kommen ausser diesen inneren auch noch äussere Widerstände in Betracht.

Der geringste äussere Widerstand, welcher bei der Quellung überwunden werden muss, ist die Cohäsion der Wassermasse, aus welcher Theile in den quellenden Körper hineindringen; zur Ueberwindung der zwischen den Molekeln dieser Wassermasse herrschenden Anziehungskraft ist bereits ein gewisser Aufwand an mechanischer Arbeit nothwendig.

Dieser Widerstand kann in beliebigem Maasse gesteigert werden, wenn wir unter das Wasser Theile einer anderen Substanz mischen, sei es eines festen Körpers, sei es einer Flüssigkeit. Alsdann erhebt sich zwischen dem quellenden und gelösten Körper ein Kampf um den Besitz der Wassertheilchen; die Quellungskraft muss dabei durch die entgegengesetzt gerichtete Anziehungskraft der gelösten Substanz zum Wasser geschwächt werden. Hieraus folgt, dass in einer wässerigen Lösung, sofern der quellende Körper zur gelösten Substanz eine geringere Anziehung besitzt, als zum Wasser, die Geschwindigkeit der Quellung eine geringere ist, als in reinem Wasser, unter der Voraussetzung gleicher Quellungsphasen. Es folgt daraus aber auch ferner, dass für die Quellung in einer wässerigen Lösung das Quellungsmaximum niedriger liegen muss, als für reines Wasser; denn wenn in der letzten Phase der Quellung eines Körpers die Quellungskraft noch gross genug war, um die Cohäsion des Wassers zu überwinden, reicht sie doch nicht mehr aus, die Wassertheilchen vom gelösten Körper loszureissen, oder aber, die Quellungskraft ist nicht hinreichend, um auch noch andere Substanztheilchen anzuziehen, als das Wasser.

Versuch 44.

Eine Erbse ward 6 Tage hindurch in eine Lösung von Jod in Alcohol absolutus gelegt. Nachdem sie in reinem Alcohol absolutus abgespült war, zeigten sich die meisten Theile der Erbse ungefärbt, nur in eine Anzahl von Rissen und durch diese in die Intercellularräume war die Jodtinctur eingedrungen; in den durch das Entstehen der Risse verletzten Zellen war das Plasma gelb gefärbt, aber kein Stärkekorn gebläut. Während Schnitte in Alcohol absol. unter dem Mikroskop betrachtet die Stärkekörner ganz farblos erscheinen liessen, trat auf Zusatz von Wasser zum Alcohol sofort Blaufärbung ein, unter theilweiser Entfärbung des umgebenden Plasma.

Aehnlich wie der Alcohol verhält sich absolutes Glycerin.

Während fast sämmtliche Theile eines *Laminaria*-Stammes im gequollenen Zustande sehr lebhaft mit Fuchsin sich färben, blieb ein Stück trockener *Laminaria*, welches 6 Tage lang in einer Lösung von Fuchsin in Alcohol absolutus gelegen hatte, im Innern ungefärbt.

Ein anderes Stück lufttrockener *Laminaria* vom Gewichte 2,025 ergab nach dreitägigem Liegen in Alcohol absolutus eine (auf Wasserentziehung beruhende) Gewichtsverminderung von 0,115 Gramm.

Aus diesen Thatsachen geht hervor, dass Alcohol und Glycerin nicht als Quellungsmittel angesehen werden können.

Versuch 45.

Vier Portionen von je 20 geschälten Erbsen und den Volumina:

A = 4,4; B = 4,2; C = 4,3; D = 4,0

wurden 3 Stunden lang bei derselben Temperatur (dieselbe stieg von 15 auf 18° Cels.) in Quellungsflüssigkeiten von folgender Zusammensetzung gelegt:

A = 100,0 Wasser.
B = 100,0 Wasser + 10,0 Alcohol
C = 100,0 Wasser + 20,0 Alcohol
D = 100,0 Wasser + 30,0 Alcohol.

Nach Beendigung des Versuchs zeigten die Erbsen folgende Volumvermehrung in Procenten:

A = 43,2; B = 30,9; C = 25,6; D = 22,5.

Versuch 46.

Vier Portionen von je 20 geschälten Erbsen und den Volumina:

A = 3,8; B = 4,4; C = 4,0; D = 3,7

wurden drei Stunden bei gleicher Temperatur (zwischen 15 und 19°) in Quellungsflüssigkeiten von folgenden Gewichtsmengen gelegt:

A = 100,0 Alcohol absolutus.
B = 100,0 Alcohol + 20,0 Wasser
C = 100,0 Alcohol + 40,0 Wasser
D = 100,0 Alcohol + 60,0 Wasser.

Nach Beendigung des Versuchs zeigten die Erbsen folgende Volumvermehrung in Procenten des ursprünglichen Volums:

A = 5,2[1]; B = 18,2; C = 20,0; D = 29,7.

---

1) Durch entstandene Risse und in diese eingedrungene Flüssigkeit zu erklären.

Es wurden hierauf die nämlichen Erbsen nach Entfernung ihrer respectiven Alcoholgemenge mit Wasser übergossen und zum Vergleich noch 20 frische trockene Erbsen von dem Volum E = 3,7 sogleich in Wasser gelegt. Bei einer Temperatur von 19° zeigte sich nach Verlauf von $1^1/_4$ Stunden folgende Volumvermehrung in Procenten:

A = 50,0; B = 34,6; C = 31,2; D = 25,0; E = 45,9.

Am stärksten war A gequollen, wo offenbar durch die Wasserentziehung des Alcohols der Verband der Gewebe gelockert war; dann folgten die frischen Erbsen in E und hierauf die übrigen mit um so geringerer Quellungsgrösse, je mehr Wasser sie bereits früher aufgenommen hatten.

Versuch 47.

Zehn Portionen von je 20 geschälten Erbsen lagen vier Stunden bei gleicher Temperatur (dieselbe stieg während des Versuchs von 18° auf 18,2°) in einer Mischung von Wasser und Glycerin. In der folgenden Tabelle giebt Columne A das Trockenvolum der Erbsen an, Columne B die in hundert Theilen Flüssigkeit enthaltenen Procente Glycerin, C die Vermehrung des ursprünglichen Volums in Procenten.

A	B	C
4,3	90	5
5,5	80	6
5,4	70	11,1
5,2	60	15,4
5,0	50	20
4,8	40	29,1
4,8	30	33,3
4,9	20	59,2
5,3	10	71,7
4,9	0	87.

Versuch 48.

Vier Portionen von je 20 geschälten Erbsen und den Volumina:

A = 4,4; B = 4,9; C = 4,6; D = 4,7

wurden in folgenden Flüssigkeiten quellen gelassen:

A = 100,0 Wasser
B = 100,0 Wasser + 5,0 Chlorcalcium
C = 100,0 Wasser + 10,0 Chlorcalcium
D = 100,0 Wasser + 20,0 Chlorcalcium.

Nach 2½stündiger Quellung, während welcher die Temperatur von 16 auf 18° stieg, fand sich folgende Zunahme in Volumprocenten:

A = 54,5 Pct.; B = 32,6 Pct.; C = 28,2 Pct.; D = 19,1 Pct.

Es zeigte also die Lösung eines festen Körpers eine analoge Retardirung des Quellungsprocesses, wie die Mischung zweier Flüssigkeiten.

Es erübrigte noch, mit den vorstehenden Versuchen das Verhalten der Absorption eines Gases in einer Flüssigkeit zu vergleichen; dazu ward mit Kohlensäure übersättigtes, in wohlverstöpselte Flaschen eingeschlossenes Wasser gewählt.

Versuch 49.

Vier Portionen von je 15 geschälten Erbsen von dem Volumen

A = 3,7; B = 3,6; C = 3,8; D = 3,9

wurden folgendermaassen vertheilt:

A und B in reinem Wasser
C und D in kohlensaurem Wasser.

Die Quellung fand bei 8° statt und dauerte 3 Stunden; nach Ablauf derselben betrug die Volumvermehrung in Procenten:

A = 62,1 Pct. B = 52,8 Pct.
C = 57,9 Pct. D = 48,7 Pct.

Hierin giebt sich keine deutliche Retardirung der Quellungsgeschwindigkeit durch die Kohlensäure zu erkennen.

Dass sowohl durch Flüssigkeitsmischungen als auch durch Salzlösungen nicht bloss die Quellung verlangsamt, sondern auch das Quellungsmaximum herabgedrückt wird, findet in folgenden Versuchen seinen Ausdruck.

Versuch 50.

15 geschälte Erbsen vom Volumen 4,2 ccm wurden in einer Mischung von Alcohol und Wasser quellen gelassen; dieselbe enthielt 51,5 Gewichtsprocente Alcohol.

Die Erbsen erreichten nach 6 Tagen das Quellungsmaximum im Betrage von 7,6 ccm; fortab stieg das Volumen nicht mehr.

Die Erbsen wurden dann in eine Mischung von 26 Gewichtsprocenten Alcohol gelegt: das Quellungsmaximum hob sich auf 8,0.

In reinem Wasser stieg das Maximum auf 8,7.

Versuch 51.

15 Erbsen vom Volumen 3,8 erreichten in einer starken Glaubersalzlösung nach 6 Tagen das Maximum von 7,0; darauf in reines Wasser gelegt, dehnten sie sich binnen 6 Stunden auf 8,1 ccm aus.

Mit der Verlangsamung der Quellung und der Herabminderung des Maximums durch Lösungen hängt die von Ludwig[1]) für thierische Gewebe nachgewiesene Thatsache zusammen, dass quellende thierische Substanzen aus Salzlösungen eine verdünntere Lösung (als die Quellflüssigkeit) aufnehmen.

Eine Consequenz des Umstandes, dass die quellende Substanz eine geringere Anziehung zum gelösten Körper als zum Wasser besitzt, ist die, dass sie den Wassermolekeln eine grössere Beschleunigung ertheilt als den Salzmolekeln. Waren beide in der Lösung auch gleichmässig gemischt, so müssen hiernach doch in der Zeiteinheit vom quellenden Körper mehr Wassertheile als Salztheile aufgenommen werden; die Lösung wird demnach durch die Quellung concentrirter werden, in den quellenden Körper dagegen eine verdünntere Lösung eintreten.

Die Gültigkeit dieses Satzes — an der aus theoretischen Gründen nicht zu zweifeln war — musste nun auch für vegetabilische Substanzen experimentell erwiesen werden.

Der Beweis dafür, dass quellende Körper, z. B. Erbsen, eine qualitativ verdünntere Lösung aus einer Flüssigkeit aufnehmen, ist leicht

1) Zeitschrift für rationelle Medicin. 1849 p. 15 ff.

zu erbringen, wie die folgenden Versuche erkennen lassen; dagegen ist es sehr schwierig und zeitraubend, quantitativ das Verhältniss der aufgenommenen zur zurückgebliebenen Lösung festzustellen, es würde dies eine ausgedehnte Specialuntersuchung erheischen, und sollen hier, wo es sich nur um die fundamentalen Thatsachen handelt, darüber bloss einige Andeutungen gegeben werden.

Versuch 52.

Das Ludwig'sche Gesetz lässt sich z. B. für den Zweck eines Vorlesungsversuches folgendermaassen demonstriren. Man füllt ein passendes Glasgefäss (z. B. ein Probirröhrchen) mit concentrirter Lösung von Glaubersalz, wirft eine Anzahl geschälter Erbsen hinein, verstöpselt dasselbe sorgfältig und verwahrt es womöglich bei constanter Temperatur. Nach Verlauf einiger Zeit beginnen sich grosse Glaubersalzkrystalle auszuscheiden, ein Beweis dafür, dass die quellenden Erbsen aus der Lösung relativ mehr Wasser aufnahmen, als von derselben entlehnt werden konnte, um die Glaubersalzmolecüle noch in Lösung zu halten. Dass nicht etwa minimale Temperaturerniedrigung das Auskrystallisiren veranlasst haben könne, beweist man durch ein anderes, mit derselben Flüssigkeit gefülltes und am gleichen Orte aber ohne Erbsen aufbewahrtes Gläschen, in welchem keine Krystallisation eintritt. Ausserdem habe ich den Versuch auch in einem Raume angestellt, wo während 24 Stunden die Temperatur langsam von 11,5° auf 13° gestiegen war, und dabei ebenfalls Krystallisation erhalten.

Versuch 53.

Ein kleines Gläschen ward mit trockenen Erbsen angefüllt und darauf der Boden 1 Centim. hoch mit 50procentigem Alcohol übergossen. Nach Monate langem Stehen hatten die Erbsen nur etwa $^2/_3$ der Flüssigkeit aufgenommen, der Alcohol war darin so concentrirt geworden, dass er keine Quellung mehr hervorrief.

Die gleiche Thatsache wurde in einer Reihe von Versuchen für verschiedene Flüssigkeiten nachgewiesen, indem ich das specifische

Gewicht[1]) derselben, vor- und nachdem Erbsen darin gequollen waren, ermittelte.

Hierbei war es nöthig, eine eventuelle Erhöhung des specifischen Gewichts der Quellungsflüssigkeit in Rechnung ziehen zu können, welche durch Austritt löslicher Stoffe aus den Erbsen erfolgte.

Versuch 54.

Drei Portionen von je 15 geschälten Erbsen und dem Volum:

A = 3,9; B = 4,0; C = 4,2

wurden in je 30 ccm destillirtes Wasser gelegt; das specifische Gewicht desselben betrug bei 15°:

0,9990.

Nach 18 Stunden hatten die Erbsen folgende Volumina erreicht:

A = 9,2; B = 9,8; C = 8,6.

Das specifische Gewicht der Flüssigkeiten betrug:

A = 1,0042
B = 1,0040
C = 1,0030.

Die drei Flüssigkeiten wurden, um einen Mittelwerth zu erhalten, zusammengegossen und eingedampft; es ergab sich ein Rest von Trockensubstanz, welcher 1,0022 Pct. der Flüssigkeit betrug, und der sich beim Glühen auf 0,1583 Pct. verringerte.

Aus dieser Erfahrung liess sich eine Correction für die folgenden Versuche gewinnen. Diese Correction muss annähernd genau ausfallen, wenn man von der nach der Quellung beobachteten Zunahme des specifischen Gewichts der Lösung den Werth 0,004 in Abzug bringt; man setzt dann noch voraus, dass in der Lösung eine eben so hohe Auslaugung der Erbse stattfinde, als im destillirten Wasser. Dabei ist zu erwarten, dass die Auslaugung in Lösungen etwas geringer, als im reinen Wasser sein und jene Correctur demnach zu hoch ausfallen werde. Das Resultat dieser Versuche ist denn auch von sehr geringer Bedeutung.

---

1) Für die Feststellung des specifischen Gewichtes bediente ich mich einer Westphal'schen Wage.

Bei den folgenden Versuchen wurde dafür Sorge getragen, dass die Bestimmung des specifischen Gewichts der Flüssigkeiten bei Beginn und am Ende des Versuchs bei der gleichen Temperatur statt fand.

Versuch 55.

Drei Portionen von je 15 geschälten Erbsen[1]) und dem Volumen

A = 4,0; B = 3,9; C = 4,0 ccm

wurden in je 30 ccm Zuckerlösung von folgendem Zuckergehalt gethan:

A = 29,3 Pct.; B = 18,9 Pct.; C = 9,4 Pct.

Das specifische Gewicht der Zuckerlösungen betrug:

A = 1,1262
B = 1,0779
C = 1,0379.

Die Temperatur bei Bestimmung der specifischen Gewichte war 18°.

Nach 18stündiger Quellung betrug die Zunahme des Volums der Erbsen:

A = 55,0 Pct.; B = 97,4 Pct.; C = 115 Pct.; D = 128,5 Pct.

Das specifische Gewicht der Flüssigkeiten

uncorrigirt:	corrigirt:
A = 1,1288	A = 1,1228
B = 1,0792	B = 1,0752
C = 1,0400,	C = 1,0360.

Diese Zahlen fallen niedriger aus, als die im Anfang erhaltenen, ein Beweis, dass die versuchte Correctur eine zu hohe, und dass es auf diesem Wege für Zucker unmöglich ist, ein quantitativ brauchbares Resultat zu gewinnen.

Versuch 56.

Ein ähnliches Resultat lieferten verschiedene Versuche mit Kochsalzlösung, unter denen nur folgender mit einer ungefähr 10procent.

1) Es bedarf wohl keiner besonderen Versicherung, dass das Befreien der Erbsen von der Testa auf das sorgfältigste vorgenommen wurde, um nicht die Epidermis des Embryo zu verletzen.

Lösung veranstalteter erwähnt werden mag; dieselbe zeigte bei 17° das specifische Gewicht:

1,0697.

Es wurden 15 Erbsen vom Volum 3,9 18 Stunden in 30 ccm dieser Flüssigkeit quellen gelassen; das Volum derselben war dann auf 7,8 gestiegen. Die Flüssigkeit zeigte nunmehr das specifische Gewicht

uncorrigirt: 1,0735
corrigirt: 1,0695.

Ungefähr ebenso verhielt sich Glaubersalz.

Versuch 57.

Ein günstigeres Resultat ergab eine Lösung von Gummi arabicum; das specifische Gewicht derselben betrug:

1,0369.

Die 15 Erbsen vor der Quellung zeigten das Volum = 4,0, nach 18stündiger Quellung = 8,2 ccm.

Das specifische Gewicht betrug nunmehr:

uncorrigirt: 1,0450
corrigirt: 1,0410.

Jedenfalls ist auf diesem Wege kein sicheres Resultat zu erreichen, weil man niemals weiss, wieviel Substanz von den quellenden Körpern in den verschiedenen Salzlösungen im Vergleich zum destillirten Wasser ausgeschieden wird. Aus dem gleichen Grunde würde die Bestimmung der absoluten Gewichtszunahme der Körper eben so wenig zum Ziele führen, als die des specifischen Gewichts der Flüssigkeit. Zur Entscheidung der Frage wird es voraussichtlich nothwendig sein, Lösungen von Salzen anzuwenden, welche in der Erbse naturgemäss nicht vorkommen und dann die Aenderung der Concentration durch quantitative chemische Analyse festzustellen.

IV. Andeutungen zu einer allgemeinen Theorie der Quellung.

Die auf vorstehenden Blättern mitgetheilten Experimentaluntersuchungen werden, wie ich hoffe, im Stande sein, ein erneutes Interesse an den Quellungsvorgängen wach zu rufen. Sie sind aber noch wenig geeignet, dies Interesse zu befriedigen. Denn nur in dem Falle dürfen wir unsere Aufgabe für gelöst erachten, wenn es gelungen ist, ein der mechanischen Physiologie angehörendes Problem auf seine letzten physicalischen Grundlagen zurückzuführen.

Die Erscheinungen der Quellung, welche im Leben der Pflanzenzelle eine so überaus wichtige Rolle versehen, bringen uns bei jedem Schritte, den wir auf diesem Gebiete vorwärts thun, sogleich vor Fragen der Molecularphysik, desjenigen Theiles der physicalischen Wissenschaft, welcher zur Zeit noch die bedeutendsten, ja vielfach kaum zu ermessende Schwierigkeiten der Forschung entgegenstellt. Diese Schwierigkeiten würden wir nur auf experimentellem Wege zu beseitigen hoffen dürfen; allein die vorgeführten Untersuchungen zeigen uns allzudeutlich, dass wir durch das Experiment zwar wichtige Fingerzeige erhalten, das Wesen des Quellungsprocesses uns dadurch aber nicht erschlossen wird. Der Hauptgrund, welcher die experimentelle Behandlung der Aufgabe behindert, ist in der ungenügenden Beschaffenheit des der Behandlung zu Gebote stehenden Materials zu suchen. Hätten wir eine genügende Menge organisirter vegetabilischer Substanz von durchaus homogenem Gefüge in Händen, so würden wir, ich zweifle nicht daran, im Stande sein, die Kräfte experimentell zu bestimmen, durch welche der Quellungsprocess sich vollzieht. Insbesondere würden wir dann aus den Aenderungen der Elasticität und der übrigen Eigenschaften während des Quellens viel weittragendere Schlussfolgerungen ableiten dürfen, als unter den gegebenen Umständen statthaft erscheint.

Ungerne werden wir uns aber doch entschliessen wollen, wegen dieser in der Sache begründeten Schwierigkeiten auf jede Vorstellung über den Process der Quellung zu verzichten. Wenn wir von gewissen, allerdings auf Hypothesen gegründeten Voraussetzungen ausgehen — ich habe dabei Nägeli's Micellentheorie im Auge — so können Phantasie und Combination, richtig geleitet, uns auf gewisse Vorstellungen hinführen, welche aus der gedachten Theorie, aus unseren Beobachtungen und aus bekannten Sätzen der Physik sich als nothwendige Consequenzen ergeben. Wir wollen versuchen, einem berechtigten Streben folgend, in theoretischer Betrachtung ein solches Bild der Quellungsvorgänge zu gewinnen. Der Leser mag dann entscheiden, ob diesem Bilde ein höherer Werth als der einer subjectiven Vorstellung beizumessen sei.

I. Das Aufquellen.

Die Hauptfrage, um welche es sich hierbei handelt, ist die, wie es möglich sei, dass bei der Berührung mit Wasser die festen Theilchen der quellbaren Körper aus einander weichen, und das Wasser unter entsprechender Volumvermehrung zwischen sich aufnehmen.

Als allgemein anerkannte physiologische Lehre darf man wohl den von Ludwig u. A. ausgesprochenen Satz hinstellen, dass durch das Wasser selbst die Theilchen der quellbaren Substanz auseinander gezerrt, auseinander gedrängt werden. Da aber keine Poren in trockenen organisirten Körpern präexistiren, so ist eine Zugkraft nothwendig, um die Micellen aus einander zu reissen und so dem Wasser den Weg zu bahnen. Es fragt sich nun, wie wir in der Berührung des Wassers mit der trockenen Substanz uns das Zustandekommen einer solchen Zugkraft denken sollen, welche die innere Arbeit der Quellung verrichtet. In der Literatur fehlt es dafür an jeder Andeutung; auch die Aeusserung von Jamin, dass das in poröse Körper eingedrungene und hier verdichtete Wasser einen Gegendruck auf den imbibirten Körper ausübe, der dessen Volumen zu vergrössern strebe, ist zu allgemein gehalten, um eine klare Vorstellung der Quellungskraft daraus ableiten zu können.

Wir sollten im Gegentheil denken, dass, wenn im absolut trockenen Zustande die Micellen — welche wir uns der Einfachheit halber als Würfel oder Parallelepipede vorstellen wollen — einander unmittelbar[1])

1) D. h. ohne Dazwischensein von Wasser an einander grenzen; ein, vielleicht von Aether erfülltes, Intervall zwischen den Micellen, welches wir zur Erklärung der Elasticität annehmen müssen, ist dadurch natürlich nicht ausgeschlossen.

berühren, die Wirkung des an ihrer freien Aussenfläche angezogenen Wassers dahin gehen müsste, durch seinen Druck die Micellen noch fester mit einander zu verbinden, noch mehr gegen einander zu pressen, anstatt sie aus einander zu ziehen.

Wir stehen hier vor einem Probleme der Mechanik, welches der einfachen Contemplation sich entzieht und zu dessen Analyse etwas weiter auszuholen ist.

Wir wollen demnach unserer Betrachtung eine ideale organisirte Substanz zu Grunde legen, welche aus lauter gleich grossen Micellen bestehen möge, die von einander im trockenen wie im gequollenen Zustande gleichen Abstand besitzen. Diese Micellen üben auf einander eine Flächen- und eine Massenanziehung aus; denken wir uns die erstere im Vergleich zur letzteren verschwindend klein, so können wir uns die ganze Substanz vorstellen unter dem Bilde eines Systems materieller Puncte mit gleichen Abständen. Diese Puncte können über eine gewisse Grenze hinaus einander nicht genähert werden, und diese Grenze muss, da wir uns den Sitz sämmtlicher Molecularkräfte der Micellen in dem Puncte vereinigt denken, den Punct in der Form einer Kugeloberfläche umgeben. Wir denken uns ferner die Puncte nach Art des festen Aggregatzustandes mit einander verbunden, d. h. nach der Vorstellung der mechanischen Wärmetheorie würden sie um feste Gleichgewichtslagen schwingen. Wenn nun durch Eindringen von Flüssigkeit zwischen die Puncte das System in Quellung versetzt werden soll, so haben wir noch die Annahme zu machen, dass auch die Wassertheilchen sich den Puncten über die erwähnte Kugelschale hinaus nicht zu nähern vermögen.

Wenn einer der materiellen Puncte a, welche für uns die Micellen der quellbaren Substanz bezeichnen, und den wir uns mit einem undurchdringlichen, kugelförmigen Raum umgeben dachten, isolirt mit Wasser in Berührung tritt, so werden die Wassertheilchen mit grosser Heftigkeit von diesem Puncte angezogen; sie fliegen gegen denselben mit einer Geschwindigkeit, welche vermuthlich nach Maassgabe einer höheren Potenz der Entfernung sich steigert, als bei dem Fall der Körper an der Erdoberfläche. Mechanische Arbeit braucht bei der Bewegung der Wassertheilchen nicht geleistet zu werden; dann muss ihre gesammte lebendige Kraft sich in Wärme verwandeln. Die Anziehung von Wasser dauert so lange, bis dasselbe um den Punct a eine gleichmässige Hülle von bestimmter Mächtigkeit bildet, weitere Flüssigkeitstheilchen sind der anziehenden Kraft nicht mehr unterworfen, sie werden durch a nicht mehr fixirt. Den Raum, welchen die Anziehungskraft von a nicht überschreitet, können wir seine wirksame Sphäre nennen; wir können auch sagen, der Punct a habe sich mit Flüssigkeit gesättigt.

Wäre uns die Beschleunigung der Wassertheilchen bekannt, so würden wir daraus und aus der Mächtigkeit der wirksamen Sphäre von a, unter Berücksichtigung der Wärmecapacität sowohl von a als auch des Wassers, die durch die Anziehung erzeugte Wärmemenge bestimmen können. Die Wärme, welche durch einen fallenden Körper entsteht, wächst wie das Quadrat der Geschwindigkeit.

Wir gingen von der Annahme aus, dass bei der Bewegung der Wassertheilchen gegen den Punct a keine mechanische Arbeit geleistet werde. Hierbei sind zwei Fälle denkbar: entweder die in die Wirkungssphäre von a eintretenden Theilchen behalten unter einander die Entfernungen, welche sie besassen, ehe sie von a angezogen wurden. Dann ist die Anziehungskraft nicht gross genug, um die Flüssigkeit merklich comprimiren zu können. Oder aber die Anziehungskraft von a ist grösser als der Compressionswiderstand des Wassers; dann muss eine in centrifugaler Richtung abnehmende Verdichtung des letzteren innerhalb der wirksamen Sphäre von a stattfinden. Dabei müsste eine dieser Zusammendrückung entsprechende Menge von Wärme in Freiheit gesetzt werden, welche sich zu der durch Hemmung der Bewegung der Wassertheilchen erzeugten Wärme hinzuaddiren würde.

Dass man eine Volumverringerung nicht ohne weiteres als ein theoretisches Postulat hinstellen darf, dafür bietet das Verhalten des Salmiak[1]) ein Beispiel. Während bei Lösung aller übrigen festen Körper in Wasser eine Volumverringerung eintritt, so zeigt sich beim Salmiak im Gegentheil eine Volumvermehrung. Deshalb können wir aus den Volumverhältnissen bei der Quellung auch nur unter gewissen

---

1) Naumann in Gmelin-Kraut's Handbuch der Chemie I. 1. p. 451.

Voraussetzungen einen Schluss ziehen auf die Grösse der wirksamen Molecularkräfte.

Tritt in der den Punct a umlagernden Flüssigkeitshülle eine Verdichtung ein, so wird, der innerhalb der wirksamen Sphäre abnehmenden Anziehungskraft von a entsprechend, die erzeugte Annäherung der Wassertheilchen zunächst a am beträchtlichsten, in den äussersten Kugelschalen der Hülle am unbedeutendsten sein und hier der Dichtigkeit des Wassers, wie sie ohne den Einfluss von a gedacht sich darstellt, annähernd gleichkommen.

Der Druck der Flüssigkeitshülle gegen a ist eine Function der Mächtigkeit dieser Hülle. Ist die Hülle in allen ihren Radien gleich mächtig, so muss sich das System a + Wasser im Zustande stabilen Gleichgewichts, der Ruhe befinden. Denken wir uns in einem solchen System jedoch die Mächtigkeit der Hülle auf der einen Seite π verringert, auf der entgegengesetzten Seite φ vergrössert, so muss das System in den Zustand einer geradlinigen Bewegung übergehen, deren Richtung durch die Linie $\varphi a \pi$, und zwar von φ nach π hin, bezeichnet wird. Befinden sich φ, a und π nicht auf einer Geraden, so wird eine geeignete Resultante an deren Stelle treten. Liegen zwei solcher Systeme a und a' von genau der gleichen Grösse mit den Puncten π und π' einander zugekehrt, so wird die gegenläufige Bewegung der beiden Systeme aufhören, sobald π und π' sich berühren. Damit greift dann die Annäherung der Wirkungssphären der Puncte a und a' gegeneinander complicirend in die Erscheinung.

In der That haben wir niemals bei unseren Versuchen isolirte Micellen fester Substanz, welche Wassermolekel anziehen, zur Verfügung, immer treten uns die Micellen in grösserer Zahl zu festen Aggregaten vereinigt entgegen. Daher kommen neben den zwischen a und der Flüssigkeit sich entwickelnden Kräften stets noch die zwischen den verschiedenen a, welche ein Stück organisirter Substanz zusammensetzen, herrschenden Molecularwirkungen zur Geltung; es muss demnach untersucht werden, ob und wie die Wirkungen von a auf das Wasser sich ändern, wenn mehrere a zu einem festen System verbunden gemeinschaftlich mit dieser Flüssigkeit in Verbindung treten.

Wenn wir die trockene organisirte Substanz zum Ausgang unserer Betrachtung wählen, so können wir dieselbe zunächst wieder als ein System materieller Puncte Σa gelten lassen, welche mit einander im Verhältniss des festen Aggregatzustandes verbunden sind; ausserhalb dieses Systems Σa befinde sich ein Vorrath der Flüssigkeit b.

Nehmen wir als einfachsten Fall an, das System Σa bestehe nur aus den zwei in stabilem Gleichgewicht mit einander verbundenen materiellen Puncten a und a'. Zwischen diesen beiden Puncten wirken Elasticitätskräfte, welche dem Bestreben sowohl die Distanz aa' durch Zug zu vergrössern als auch durch Druck zu verringern als Widerstände entgegentreten. Wir können diese Kräfte, sofern sie dem Zug Widerstand leisten, als Zugspannung, sofern sie dem Druck widerstehen, als Druckspannung des Systems aa' bezeichnen.

Denken wir uns den Punct a des Systems fixirt, auf den Punct a' jedoch eine Zugkraft k in der Richtung von aa' wirken, so tritt die Zugspannung S erst in Aktion oder hält vielmehr der Kraft k das Gleichgewicht, nachdem a' sich bereits um das Raumelement δ von a entfernt hatte; die ursprüngliche Entfernung aa' tritt aber sogleich wieder ein, wenn die Kraft k ausser Wirksamkeit gesetzt wird; dieser Process wird als elastische Dehnung bezeichnet. Die Grösse von δ ist proportional der Grösse von k; wächst k sehr ansehnlich, so dass es sich dem Maximalwerthe von S nähert, so kehrt der Punct a' nach Aufhören der Dehnung nicht wieder in seine ursprüngliche Lage zurück, wir sagen, die Elasticitätsgrenze des Systems sei überschritten; wird k grösser als S, so zerreisst das System.

Wenn der Punct a' unter dem Einfluss einer constanten Zugkraft, z. B. des angehängten Gewichts P, momentan um die Strecke l von a sich entfernt, so ist die hierbei verrichtete mechanische Arbeit

$$\mathfrak{A} = Pl.$$

Denken wir uns dagegen den Punct a' von einer Zugkraft k, deren Grösse von Null bis Q wächst, um die Strecke l fortbewegt, so ist die mechanische Arbeit, welche diese Kraft leistet, während der Punct a' das Raumelement δ zurücklegt, $= k\delta$, und die ganze auf der Strecke l geleistete Arbeit

$$\mathfrak{A} = \Sigma\,(k\delta).$$

Diese Arbeitsgrösse lässt sich graphisch darstellen als ein rechtwinkliges Dreieck, dessen eine Kathete $=$ l, dessen andere Kathete $=$ Q, mithin

$$\mathfrak{A} = \frac{Ql}{2}.$$

Ganz gleich dem Anwachsen der Kraft k verhält sich innerhalb der Elasticitätsgrenze die Zugspannung S; die von derselben bei Dehnung des Systems durch das Gewicht P geleistete Arbeit ist aber natürlich eine negative; wächst S von Null bis zur Grösse Q, so erhalten wir die Formel

$$-\mathfrak{A} = -\frac{Ql}{2}.$$

Nach dieser vorläufigen Orientirung über die mechanischen Eigenschaften unseres Systems wollen wir nunmehr untersuchen, welche Erscheinungen eintreten, wenn in die wirksame Sphäre der beiden fest verbundenen Puncte a a' eine beliebige Anzahl von Flüssigkeitstheilchen b einzutreten vermag; wie wir oben die Voraussetzung zu Grunde legten, dass a und a' sich nicht über eine gewisse Grenze hinaus einander nähern können, so wollen wir jetzt annehmen, dass auch b nicht über eine gewisse Grenze hinaus an a oder a' hinanzutreten vermögen und zwar möge diese Grenze für den Punct a die Entfernung $\frac{a\,a'}{2}$ von diesem Puncte betragen. Man kann sich der bereits oben gegebenen Darlegung gemäss vorstellen, a und a' seien die Mittelpuncte zweier Kugeln, die einander höchstens bis zur Berührung der Oberflächen genähert werden können.

Für diese Betrachtung können wir wieder anknüpfen an die schon erwähnte Phase (vgl. pag. 101), welche eintritt, wenn zwei freie Puncte a und a' durch ungleichen Druck der umgebenden Flüssigkeitshüllen eine gegenläufige Bewegung machen und im Verfolg dieser Bewegung auf einander treffen. Die Frage, welche sich hier aufwirft und beantwortet werden muss, ist die, ob nunmehr, wo die wechselseitige Anziehung von a und a' hervortritt, das System a a' sammt seinen Hüllen sich im stabilen Gleichgewicht befindet oder nicht, d. h. ob durch den Druck der Flüssigkeit die beiden Puncte a und a' fest gegen einander gepresst werden oder ob etwa eine der ersten entgegengesetzte Bewegung einzutreten vermag. In Taf. 1 Fig 3 ist dieser Zustand zur Darstellung gebracht, der schattirte Theil der Figur bezeichnet die Flüssigkeitshülle. Wir können nun die Frage auch so formuliren: liegt die Resultante des gegen das System aa' wirkenden Druckes der Flüssigkeit in der Richtung der Pfeile qq' (also in Richtung der Linie aa') oder nicht. Soviel ist ja ohne weiteres klar, dass für den Fall einer bejahenden Antwort Quellung des Systems unmöglich wäre; denn die Quellung setzt die Wirkung einer Zugkraft voraus, welche dem Drucke qq' entgegen wirkt und ihn überwindet.

Denken wir uns eine Flüssigkeit gegeben, welche unter dem Einfluss irgend welcher Kräfte sich in Ruhe befindet, so findet eine von diesen Kräften abhängige Vertheilung des Druckes im Innern dieser Flüssigkeit statt; die Puncte, in welchen der Druck übereinstimmt, lassen sich durch Flächen gleichen Druckes mit einander verbinden. So ist z. B. in einem Glase Wasser, wenn wir die Gefässwände ausser Acht lassen, der Druck bedingt von der Schwere, die Flächen gleichen Druckes sind die Horizontalebenen, in welche man sich die Flüssigkeit zerlegt denken kann. Wird nun ein Körper von beliebiger Form in das Innere der Flüssigkeit gebracht, so muss derselbe, wenn wir ihn uns von jeder antagonistischen Kraft unabhängig denken, in der Richtung von den Flächen grösseren Druckes nach den Flächen kleineren Druckes emporgetrieben werden. Der Körper vermag aber diese Bewegung nur auszuführen, wenn kein Widerstand eintritt, welcher dem Druck des Wassers das Gleichgewicht hält; ein solcher Widerstand kann seine eigene Schwere sein. Für einen sehr kleinen Körper dürfen wir annehmen, dass derselbe einfach in der Richtung senkrecht gegen die Flächen gleichen Druckes bewegt werde, für einen ausgedehnteren Körper würde die Erscheinung allerdings complicirter werden durch nothwendig hinzutretende Drehungen, deren Wirkung auf Körper von minimalen Dimensionen verschwindend klein gedacht werden kann.

Obgleich wir für die Anziehung der Micellen organisirter Substanz zum Wasser eine andere Potenz für wahrscheinlich halten, so ist es doch zweckmässig, der Betrachtung und Rechnung an dieser Stelle die Voraussetzung zu Grunde zu legen, dass die Flüssigkeit vom festen Körper nach dem Gesetz der Newton'schen Gravitation angezogen werde, weil dies das einfachste und zugleich einzig bekannte Verhältniss für Massenanziehung ist; wäre uns das Verhältniss der micellaren Anziehung zum Wasser bekannt, so würden wir die Untersuchung natürlich an dieses anzuknüpfen haben, immerhin aber dürfen wir erwarten, dass im letzteren Falle das Ergebniss der Rechnung ein nicht wesentlich verschiedenes sein wird.

In dem oben erwähnten Beispiel des Glases mit Wasser war die Vertheilung des Druckes im Wasser durch die Einwirkung eines einzigen Gravitationscentrums hervorgerufen, durch den Mittelpunct unserer Erde. Wir können uns aber in einer gegebenen Flüssigkeitsmenge auch zwei feste Gravitationscentren A und B wirksam vorstellen, welche einander soweit genähert sind, dass ihre Wirkungssphären in einander überzugreifen vermögen. Indem beide Centren auf die sie umgebende Flüssigkeit einen Druck ausüben, ist ohne Weiteres ersichtlich, dass dieser Druck auf den einander abgewandten Seiten der Centren ein geringerer sein muss, als auf den einander zugekehrten Seiten, wo beide Centren ihre Attraction auf die Wassertheilchen vereinigen.

In der That bilden sich um die beiden Anziehungsmittelpuncte A und B, als um ein Ganzes, Flächen gleichen Druckes, die nicht als concentrische Kugelschalen um die einzelnen Puncte herumlaufen, sondern ein System eigenthümlicher Curven darstellen, welche Lemniskaten[1]) genannt werden (Vgl. Taf. 1 Fig. 1, die man sich um die Linie AB als Axe gedreht zu denken hat). Diese Lemniskaten sind Curven, für welche die Entfernung eines beliebigen Punctes x auf der Curve von den festen Puncten A und B der Gleichung genügt

$$\frac{1}{Ax} + \frac{1}{Bx} = \text{Const.}$$

Je kleiner der Werth dieser Constanten angenommen wird, desto mehr entfernen sich die Curven von der Linie AB.

MN, M′N′ (Fig. 2)[2]) seien zwei auf einander folgende Flächen gleichen Druckes. Der Druck betrage in der unteren p, in der oberen p′; a und b, a′ und b′ seien die Entfernungen der auf den beiden Flächen liegenden Puncte α und β, α' und β' von den Centralpuncten A und B, es muss dann sein

---

1) Vgl. z. B. Thomson u. Tait, Theoretische Physik I. 2. pag. 52.

2) Diese Berechnung der in einem lemniskatischen System vorhandenen Druckkräfte verdanke ich der Güte meines Collegen Ed. Riecke.

$$p = \text{Const.} \left(\frac{1}{a} + \frac{1}{b}\right)$$

$$p' = \text{Const.} \left(\frac{1}{a'} + \frac{1}{b'}\right)$$

Auf ein kleines Prisma $\alpha\beta\ \alpha'\beta'$, dessen Seiten senkrecht stehen gegen die beiden Flächen gleichen Druckes, dessen Querschnitt gleich 1 ist, wirkt unten der Druck p, oben p', also im Ganzen in der Richtung nach Aussen der Druck

$$p - p' = \text{Const.} \left(\frac{1}{a} - \frac{1}{a'} + \frac{1}{b} - \frac{1}{b'}\right)$$

$$= \text{Const.} \left(\frac{a' - a}{a\ .\ a'} + \frac{b' - b}{b\ .\ b'}\right).$$

In dem Bruche $\frac{a' - a}{a\ .\ a'}$ ist $a' = A\alpha'$, $a = A\alpha$; ziehen wir die Linie $\alpha\gamma$ senkrecht zu $A\alpha'$, so ist die Entfernung $A\gamma$ mit $A\alpha$ als gleich zu betrachten, wenn $\alpha\alpha'$ sehr klein, d. h. wenn die beiden Druckflächen sehr nahe bei einander liegend angenommen werden. Unter dieser Voraussetzung ist

$$a' - a = A\alpha' - A\gamma = \gamma\alpha'$$

$$a' = a + \gamma\alpha',$$

somit

$$\frac{a' - a}{a\ .\ a'} = \frac{\gamma\alpha'}{a(a + \gamma\alpha')}$$

wofür sich als Näherungswerth einsetzen lässt

$$\frac{a' - a}{a\ .\ a'} = \frac{\gamma\alpha'}{a^2}.$$

Ganz ebenso kann der zweite Bruch umgeformt werden und es ergiebt sich

$$\frac{b' - b}{b\ .\ b} = \frac{\delta\alpha}{b^2},$$

mithin ist

$$p - p' = \text{Const.} \left(\frac{\gamma\alpha'}{a^2} + \frac{\delta\alpha'}{b^2}\right).$$

Diese Formel kann nun benutzt werden, um zu berechnen, welche äusseren Kräfte auf die Flüssigkeit wirken müssen, damit der angenommene Zustand des Druckes eintritt. Dabei ist zu beachten, dass eine solche äussere Kraft jedenfalls der Masse der Flüssigkeit proportional sein wird, auf welche diese Kraft ausgeübt wird. Wenn wir den vorhergehenden Ausdruck für $p-p'$ so auffassen, dass er die äussere Wirkung darstellt, mit welcher jener Druck sich im Gleichgewicht befindet, so wird derselbe ausgeübt auf das Prisma $\alpha\beta\ \alpha'\beta'$; es muss also in dem auf der rechten Seite der Gleichung stehenden Ausdruck jedenfalls die Masse dieses Prisma's oder sein Volumen vorkommen, wenn das specifische Gewicht der Flüssigkeit gleich 1 gesetzt wird. Dieses Volumen ist gleich der Höhe $\alpha\alpha'$, da der Querschnitt gleich 1 gesetzt wurde. Um nun dieses Volumen einfügen zu können, werden wir den Ausdruck mit $\alpha\alpha'$ dividiren und dann wieder multipliciren, wir erhalten also

$$p-p' = \text{Const.}\left(\frac{1}{a^2}\cdot\frac{\gamma\alpha'}{\alpha\alpha'} + \frac{1}{b^2}\cdot\frac{\delta\alpha'}{\alpha\alpha'}\right)\alpha\alpha'.$$

Denkt man sich nun in den Puncten A und B zwei Massen, deren Grösse gleich der Constanten ist, so ist

$$\frac{\text{Const.}}{a^2} = P,$$

d. h. gleich der auf eine Masse 1 von dem Punct A ausgeübten Kraft, ebenso

$$\frac{\text{Const.}}{b^2} = Q,$$

somit

$$p-p' = \left(P\ \frac{\gamma\alpha'}{\alpha\alpha'} + Q\ \frac{\delta\alpha'}{\alpha\alpha'}\right)\alpha\alpha'.$$

Bildet man die Componente S von P nach der Richtung $\alpha\alpha'$, so sind die Dreiecke $\alpha\gamma\alpha'$ und $PS\alpha$ ähnlich, mithin verhält sich

$$P : S = \alpha\alpha' : \gamma\alpha'$$

folglich

$$S = P\ .\ \frac{\gamma\alpha'}{\alpha\alpha'}.$$

Ebenso ergiebt sich, dass die Componente T der Kraft Q nach der Richtung $\alpha\alpha'$ gleich $Q\ .\ \frac{\delta\alpha'}{\alpha\alpha'}$, somit zeigt sich

$$p-p' = (S + T)\ \alpha\alpha'$$

d. h. die Druckdifferenz $p-p'$ ist im Gleichgewicht mit denjenigen

Wirkungen, welche nach dem Newton'schen Gesetze ausgeübt werden von den Puncten A und B auf das Prisma $\alpha\beta\alpha'\beta'$, oder die von uns angenommene Vertheilung des Druckes nach lemniskatischen Curven ist eben diejenige, welche durch zwei Gravitationscentren A und B in der Flüssigkeit erzeugt wird.

Denken wir uns nun in unserem lemniskatischen System d. h. in einer Flüssigkeit, deren Druckkräfte sich nach Maassgabe unserer Fig. 1 geordnet haben, eine Kugel befindlich, so sind für das Gleichgewicht dieser Kugel folgende Thatsachen maassgebend.

a. Liegt der Mittelpunct der Kugel auf der Linie AB im Puncte B oder rechts vom Puncte B, so wird die Kugel in der Richtung AB nach rechts getrieben.

b. Zwischen C und B befindet sich ein Punct labilen Gleichgewichtes. Fällt der Mittelpunct der Kugel genau in diesen Punct hinein, so ist die Kugel in Ruhe; wird die Kugel aber ein klein wenig aus dieser Stellung nach rechts gerückt, so treibt sie gegen den Punct B und immer weiter, wird sie nach links gerückt, so treibt sie gegen den Punct C.

c. Liegt der Mittelpunct unserer Kugel im Puncte C, so befindet sich die Kugel halb im stabilen, halb im labilen Gleichgewicht. Das Gleichgewicht ist stabil insofern, als bei einer Verrückung der Kugel in der Richtung der Linie AB dieselbe nach C zurückgetrieben wird, labil, weil bei der geringsten Verschiebung senkrecht gegen AB die Kugel bis ins Unendliche von der Linie AB weggetrieben wird. —

Die gleiche Erscheinung muss eintreten, wenn die zwei in die Flüssigkeit getauchten Körper selbst als Attractionscentren eine lemniskatische Vertheilung des Druckes in der umgebenden Flüssigkeit hervorrufen; dieselben müssen sich abstossen, bis sie dem Bereiche wechselseitiger Einwirkung entflohen sind.

Kehren wir nach dieser Orientirung zu unserem, aus zwei, durch Elasticitätskräfte verbundenen Puncten bestehenden, quellbaren Systeme aa' zurück (Taf. 1 Fig. 3), so muss die Flüssigkeit b, da die Anziehung zwischen a und b eine Function der Masse ist, das Bestreben zeigen, sich in Schichten mit centripetal steigender Dichtigkeit um a und a' herumzulagern. Befindet sich aa' im ungequollenen Zustande, so wird diesem Bestreben durch die zwischen a und a' bestehende Zugspannung S ein Widerstand entgegengesetzt, die Flüssigkeitshülle wird auf den einander zugekehrten Seiten der Wirkungssphären von a und a' geringer, auf der Linie aa' im Puncte δ gleich Null. Damit der ungequollene Zustand (Fig. 3, die Flüssigkeitshülle schattirt) in den gequollenen (Fig. 4) übergehen könne, ist es nothwendig, den Widerstand S zu überwinden und die Distanz aa' um ein Stück gleich der doppelten Mächtigkeit der Flüssigkeitshülle zu vergrössern.

Bezeichnen wir den mittleren Druck, unter welchem jeder Punct b in der Flüssigkeitshülle um den freien Punct a stehen würde, mit φ, so könnten diesen Druck φ in unserer Fig. 3 die Flüssigkeitstheilchen nur in den beiden Schalen $\beta\gamma\varepsilon\zeta$ und $\zeta\eta\alpha\beta$; in dem Ringe dagegen, dessen Durchschnitt die Flächen $\alpha\beta\gamma\delta$ und $\delta\varepsilon\zeta\eta$ bezeichnen, herrscht der mittlere Druck φx (wobei x grösser als 1), weil hier die Flüssigkeitstheilchen sowohl von a als von a' angezogen werden.

In der wirksamen Sphäre von aa' wird sich demnach ein System von Lemniskaten gleichen Druckes befinden, ähnlich dem oben untersuchten. Die Form der Curven muss allerdings abhängen von der Art der Anziehung der Puncte a und a' zur Flüssigkeit, es ist unmöglich, dieselbe zu bestimmen, weil wir die Potenz der Anziehung nicht kennen. Allein die Anziehungscentren a und a' entsprechen in ihrer Lage den Puncten A und B der Fig. 1; weil der von der Flüssigkeit auf das System aa' ausgeübte grösste Druck = P nicht in die Richtung der Pfeile qq' fällt (Druck Q), sondern wirkt wie ein in der Richtung pp' vordringender Keil, so müssen die Puncte durch den Druck der Resultante P—Q in der Richtung nach rechts und links aus einander getrieben werden, falls nicht diesem Druck durch einen entsprechenden Gegendruck das Gleichgewicht gehalten wird.

Das Resultat dieses Angriffes der Druckkraft P—Q, die wir als Zugkraft auffassen, wird davon abhängen, ob dieselbe im Stande ist, den Elasticitätswiderstand von aa' zu überwinden, für welchen die Zugspannung S uns ein Maass bietet.

Wenn letzteres der Fall ist, so hat die Kraft P—Q in Ueberwindung der Kraft S eine gewisse Arbeit zu leisten; tritt Quellung ein, gelingt es der Flüssigkeit, sogar Hüllen von gleicher Mächtigkeit um a und a' zu bilden, wie in Fig. 4, so muss eine der geleisteten Arbeit entsprechende Menge von Wärme weniger dabei frei werden, als wenn die Flüssigkeit um a und a' als freie, isolirte Centren sich gesammelt hätte. —

Denken wir uns den Elasticitätswiderstand des Systems aa' beliebig gross, die Kraft P—Q als Zugkraft beliebig klein, so muss doch durch Einwirkung von P—Q auf aa' die Strecke aa' wenigstens um das sehr kleine Stück $\frac{\lambda}{\xi}$ verlängert werden, weil die Zugspannung S erst durch den Zug ins Dasein gerufen wird. Die Frage, ob für das System aa' Quellung eintreten könne, wird sich nunmehr dahin zuspitzen, ob die Strecke $\frac{\lambda}{\xi}$, um welche der Punct a' vom Punct a durch die als Zugkraft gedachte Kraft P—Q entfernt wird, grösser ist als der Durchmesser eines Molecüls der Flüssigkeit b; nur in diesem letzteren Falle ist Quellung möglich; der Grad der Quellung wird abhängen von der Grösse $\frac{\lambda}{\xi}$.

An dieser Stelle mag daran erinnert werden, dass nach den Berechnungen Nägeli's die Micellen der organisirten Substanz niemals Kugeln sein können, sondern Polyeder sein müssen. Es ist daher nothwendig, zu untersuchen, ob etwa aus dieser Form der Micellen sich thatsächliche Aenderungen der bisher für Kugeln discutirten Verhältnisse ergeben. Insofern die Anziehung der Micellen unter einander und zum Wasser eine Function ihrer Masse ist, können wir uns dieselben um ihren Schwerpunct zu Kugeln des gleichen Volums geformt denken und werden dann Wirkungen gleicher Art wie die bisher behandelten erhalten. Betrachten wir die Micellen dagegen als wirkliche Polyeder, z. B. als Würfel, so kommen ausser der Massenattraction auch noch die Wirkungen der vermehrten Oberfläche zur Geltung; setzen wir die Oberflächenwirkung zweier an einander stossender Kugeln gleich 1, so muss die Oberflächenwirkung zweier Polyeder von gleicher Masse jedenfalls gleich 1 + x sein. Im Allgemeinen dürfen wir annehmen, dass durch die gesteigerte Flächenwirkung der gegen Zug gerichtete Elasticitätswiderstand eine Verstärkung erfähre. In einem aus zwei polyedrischen Micellen bestehenden

Körper wird also die Zugspannung S grösser sein, als zwischen zwei Kugeln von gleicher Grösse.

Die Möglichkeit, ob in dem System aa' (Taf. 1 Fig. 3) Quellung eintreten kann, wird also bedingt

erstens durch die Grösse des Elasticitätswiderstandes,

zweitens durch die Grösse der Anziehung der Puncte a und a' zur gegebenen Flüssigkeit.

In der That sind aber hiermit die Momente nicht erschöpft, von welchen in der trockenen organisirten Substanz die Quellung abhängig sein dürfte; die molecularen Eigenschaften der Körper bergen noch Umstände, welche die Quellung in hervorragender Weise beeinflussen, beziehungsweise begünstigen müssen: dahin gehört vor Allem die lebendige Kraft der Micellen selbst.

Wir haben unsere bisherigen Betrachtungen an die Voraussetzung geknüpft, dass das quellbare System aa' aus zwei in festem, unveränderlichem Gleichgewicht mit einander verbundenen Puncten bestehe.

Wenn wir jedoch den Anschauungen der modernen Physik auch für unser System aa' Gültigkeit einräumen, so müssen wir die beiden Puncte a und a' nicht als unbeweglich mit einander verbunden, sondern als gegen einander bewegt ansehen.

Die mechanische Wärmetheorie geht von der Vorstellung aus, dass die kleinsten Theilchen der Körper in fortwährender Bewegung sind und dass wir diese Bewegung als Wärme empfinden; die Quantität der Wärme ist das Maass der lebendigen Kraft dieser Bewegung [1]). Wir haben ferner Grund zu der Annahme, dass im festen Aggregatzustande die kleinsten Theilchen um gewisse, unverrückbare Gleichgewichtslagen schwingen; mit steigender Temperatur muss die lebendige Kraft dieser Schwingungen wachsen, d. h. ihre Zahl in der Zeiteinheit, ausserdem auch wohl ihre Amplitude muss sich vergrössern.

Obgleich wir uns für die kleinen Amplituden, in welchen die beiden Puncte unseres Systems schwingen, gegen die lebendige Kraft derselben den Widerstand von S sowohl, wie die Zugkraft P—Q als verschwindend klein vorstellen müssen, so kann doch innerhalb der

1) Vgl. Clausius, die mechanische Wärmetheorie I. p. 23. 1876.

Temperaturgrenzen, in denen sich das Pflanzenleben abspielt, die gesammte Zugspannung S durch die lebendige Kraft der Puncte a und a' niemals überwunden werden. Dennoch wirkt die letztere für Momente als Zugkraft, welche die Linie a a' um das Stück λ verlängert. Bezeichnen wir die lebendige Kraft der Puncte, sofern sie in diesem Sinne als Zugkraft wirkt, mit L, so können wir sagen, L und P—Q wirken gleichsinnig, das System a a' sei also der Zugkraft L + P — Q unterworfen und die von dieser Kraft im Antagonismus gegen S hervorgerufene Verlängerung der Distanz a a' oder vielmehr das zwischen beiden Puncten entstandene Intervall $\lambda + \frac{\lambda}{\xi}$ wird nunmehr grösser sein, als der Durchmesser der Flüssigkeitstheilchen, dieselben werden also mit der Beschleunigung des Druckes, dem sie unterliegen, in das Intervall einströmen können. Hierdurch wird die Linie a a' an der Stelle des bisherigen Tangentialpunctes δ der indifferenten Hüllen von a und a' durch eine Flüssigkeitsschicht unterbrochen, die Bewegung der Puncte a und a' kann demnach nicht wieder in die alte Gleichgewichtslage zurückkehren, die eingeschobene Flüssigkeitsplatte leistet Widerstand, die Verlängerung der Distanz a a' ist eine dauernde geworden. Der Process setzt sich fort; indem die Flüssigkeitshüllen die Schwingungen der auch für sie als Centren, als Schwerpuncte geltenden Puncte a und b mitmachen, wird die Distanz aa' aufs Neue unterbrochen, aufs Neue treten Flüssigkeitsmolekeln in die entstandene Lücke, um sie dauernd zu füllen. Die Quellung geht fort, bis a a' sich um ein Stück gleich der doppelten Dicke der um den Punct a gebildeten Flüssigkeitshülle verlängert hat (Fig. 4), dann ist das Quellungsmaximum erreicht. Wegen der ausserordentlichen Geschwindigkeit der Bewegung von a und a' vollzieht sich der ganze Process des Aufquellens natürlich in einem unmessbar kleinen Zeittheilchen.

Wenn wir also annehmen sollten, dass in einem quellenden System der Druck P—Q den Elasticitätswiderständen gegenüber nicht ausreiche, um die Puncte a a' aus einander zu treiben, beziehungsweise die Fugen der Micellen organisirter Substanz zu erweitern, so lässt sich dagegen die Vorstellung gewinnen, dass durch die Schwingungen, welche wir als Wärme empfinden, diese Fugen für Momente von unmessbarer Dauer spontan sich öffnen, wobei das durch starken Druck hineingetriebene Wasser nunmehr zu hindern vermag, dass die Fugen bei der Rückschwingung sich wieder schliessen; bei der nächsten Vorschwingung wird eine neue Lücke von molecularer Dimension gebildet und wieder mit Wasser gefüllt und so geht es fort bis zum Maximum der Quellung oder bis es an Wasser fehlt, um die Lücke zu füllen.

Aber auch für den Fall, dass der Druck P—Q allein schon ausreichend wäre, um die Distanz der Puncte a und a' genügend zu erweitern, um Quellung zu ermöglichen, muss der Quellungsprocess eine energische und wichtige Förderung erhalten durch die Schwingungen der Puncte, insofern dieselben als eine der Kraft P—Q gleichsinnig wirkende Zugkraft dem Elasticitätswiderstande gegenüber in Betracht kommen. Auf jeden Fall aber war es geboten, die lebendige Kraft der Micellen gerade bei den Erscheinungen der Quellung nicht ausser Acht zu lassen, weil dieselben auf letztere nicht ohne wesentlichen Einfluss bleiben können [1]).

Damit ein Körper quellen könne, ist es also nothwendig, dass durch disponible Zugkräfte seine kleinsten Theilchen hinreichend weit aus einander gerückt werden, um die Einlagerung von Wasser zu gestatten. Hierbei ist immer nothwendig, dass der Druck des Wassers gegen den festen Körper, beziehungsweise die Anziehung des letzteren zum Wasser ein gewisses Minimum übersteige.

In einer Flüssigkeit, welche dies Minimum des Druckes nicht besitzt, wird der Körper nicht zu quellen vermögen; eben so wenig wird Quellung eines Körpers in einer Flüssigkeit eintreten, deren Molecule zu gross sind, um in die micellaren Intervalle eintreten zu können. —

Als Consequenz der hier entwickelten Vorstellung von der Quellung ergiebt sich, 1) dass Erhöhung der Temperatur die Quellung beschleunigen und 2) dass die Grösse der Cohäsion der Substanz mit der Quellung abnehmen muss. Beide Sätze haben in den experimentellen Abschnitten ihre Bestätigung gefunden.

---

1) Können wir uns doch die Verdampfung fester, organischer Körper, wie des Kamphers, nicht anders vorstellen, als dass durch ihre eigene lebendige Kraft die oberflächlich gelegenen Theilchen in so grosse Schwingungen versetzt werden, dass sie thatsächlich von ihren Nachbartheilchen sich losreissen.

Bezeichnen wir die Distanz von a und a' im ungequollenen Zustande mit e, so konnte die Distanz e + l des gequollenen Zustandes nur erreicht werden durch eine Verrichtung mechanischer Arbeit, welche erstens die Last des Punctes a den Weg l zu bewegen und zweitens den Widerstand der Zugspannung S zu überwinden hatte, für welch letztere bei polyedrischen Micellen noch deren Flächenwirkung in Betracht kommt. Für diese Arbeit musste ein gewisses Quantum lebendiger Kraft verbraucht werden, dessen Maass in entsprechender Temperaturerniedrigung sich kundgegeben hat. Wenn wir oben zu dem Resultate gelangten, dass die Anziehung der Flüssigkeit durch a eine Wärmeentwicklung involvire, so müssen wir die für Ueberwindung der Cohäsion bei der Quellung verbrauchte Wärme dagegen in Rechnung stellen. —

In Wirklichkeit werden wir die hier erörterten Thatsachen niemals so einfach finden, wie in unserem System der zwei materiellen Puncte a und a'. Dennoch ändern sich die Verhältnisse nicht wesentlich, wenn wir zu einem aus vielen Millionen derartiger Puncte gebildeten Systeme übergehen; nur die Totalsumme der Widerstände bei der Quellung eines solchen Systems steigert sich ausserordentlich, indem die zwischen einem Puncte und allen seinen Nachbarpuncten herrschenden wechselseitigen Anziehungen zu Widerständen werden. Da die Quellung nicht an allen Puncten gleichzeitig erfolgen kann, so wird eine messbare, oft längere Zeit über die Quellung eines solchen Systems vergehen; dieselbe wird sich bei einem organisirten Körper um so rascher vollziehen, je feiner derselbe vorher zertheilt wurde, am langsamsten, wenn er Kugelgestalt besitzt. In diesem Falle wird der Process der Quellung zuerst die peripheren Schalen erfassen und von dort allmählig nach dem Centrum vordringen.

Für das Aufquellen der inneren Theile kommt noch ein weiteres Moment in Betracht, nämlich der Filtrationswiderstand der äusseren Schalen gegen die Quellungsflüssigkeit, dessen Ueberwindung ebenfalls einen Aufwand mechanischer Arbeit erheischt.

Die Ausdehnung des Systems materieller Puncte Σa bei der Quellung ist proportional der Mächtigkeit der um die einzelnen a sich bildenden Flüssigkeitshüllen, beziehungsweise dem Radius der wirksamen Sphäre von a. Weil nun die Anziehungskraft von a gegen die Flüssigkeit sehr rasch mit der Entfernung abnimmt, so wird auch die mögliche Grösse der bei der Quellung zu verrichtenden äusseren Arbeit für das einzelne Raumelement im umgekehrten Verhältniss der Volumenzunahme stehen. Verlängert sich beim Quellen der Radius r auf R im Maximum, so sinkt die Grösse des durch äussere Arbeit zu überwindenden Druckes auf Null; die Arbeitsgrösse würde bei der Ausdehnung im ersten Raumelement das Maximum, im letzten Raumelement das Minimum der für das Raumelement überhaupt möglichen Arbeit betragen. Die wirksame Sphäre von a muss sich demnach mit wachsendem äusseren Druck verkleinern. Auch für diese Folgerung konnten oben experimentelle Belege beigebracht werden.

Da die Anziehungskraft quellender Substanz gegen eine Flüssigkeit im Verlaufe der Quellung vom Maximum auf den Nullpunct sinkt, folgt daraus mit Nothwendigkeit, dass wenn nur ein Stück von Σa im Quellungsmaximum steht, ein anderes aber gar nicht gequollen ist, eine Bewegung von Wasser aus dem gequollenen nach dem nichtgequollenen Theil von Σa eintreten muss, welche erst mit völlig gleichmässiger Vertheilung des Quellungsgrades über das ganze System endigt. Es wird das System dadurch in einen gleichförmigen, aber natürlich ungesättigten Quellungszustand versetzt und sind dabei zu überwinden nicht bloss der Widerstand S der ungequollenen Theile, sondern auch die Anziehung der gequollenen a zu denjenigen b, welche aus ihrer wirksamen Sphäre heraus zu den nicht gequollenen a hinwandern, endlich die in Betracht kommenden Filtrations- oder Reibungswiderstände. Weil das Gesammtvolum des Systems constant bleibt, so wird hierbei äussere Arbeit gar nicht geleistet.

Wir können diese Thatsache in noch etwas allgemeinere Fassung bringen. Es sei im System Σa die Anzahl der im Quellungsgrade[1]) m befindlichen Puncte gleich x, der in dem Quellungsgrade n befindlichen Puncte gleich y; dann ist der mittlere Quellungsgrad, welchem alle Puncte des Systems zustreben,

$$M = \frac{xm + yn}{x + y}.$$

1) Auszudrücken durch die Mächtigkeit der vom Wasser um das einzelne a gebildeten Hülle.

Es kann dieser für die Quellungserscheinungen wichtige Satz als das Gesetz der ausgeglichenen Spannung, oder des erstrebten Gleichgewichts[1]) bezeichnet werden. Ist m kleiner als n, so bewegen sich natürlich die Flüssigkeitstheilchen von a_n nach a_m und umgekehrt. — Das Gesetz erleidet nur die Einschränkung, dass die Summe der Widerstände gegen die Bewegung des Wassers kleiner sein muss als die disponible Anziehung von a_m gegen das Wasser, wenn $m < n$.

In dem Maasse, wie das System Σa äussere Arbeit zu leisten hat, muss sich die Leistung innerer Arbeit verringern, da für die Verrichtung beider Arten mechanischer Arbeit ein gemeinsamer Kraftvorrath besteht. In unserem System ist r, d. h. die Mächtigkeit der vom Wasser um die Puncte a gebildeten Hüllen abhängig von dem äusseren, auf dem System lastenden Druck. Andererseits muss in einem System, wenn dasselbe quillt, ohne äussere Arbeit zu leisten, der für innere Arbeit disponible Kraftvorrath sich erhöhen, es muss dabei im Innern so viel Wärme frei (verwendbar) werden können, als nöthig gewesen wäre, um damit die äussere Arbeit zu leisten. Ist dagegen ein äusserer Druck zu überwinden — z. B. ein Gewicht zu heben, — so muss dies Gewicht, wenn man es fallen lässt, im Aufstossen so viel Wärme erzeugen, als im Innern des Systems weniger frei geworden ist. —

Thun wir nun den Schritt von der Betrachtung eines Systems materieller Puncte zur Betrachtung des Verhaltens der organisirten Substanz gegen Wasser, so zeigt sich, dass die dort zu gewinnenden Thatsachen nur mit manchen Einschränkungen auf dieses letztere Verhältniss übertragbar sind. Die Hauptursache dafür ist die Form der Micellen. Nägeli[2]) hat durch Rechnung gezeigt, dass, wenn die Micellen Kugeln wären, der Wassergehalt der organischen Substanz nicht unter 26 Pct. herabzusinken vermöge; weil dieser Wassergehalt aber allgemein niedriger sein kann — bei der lufttrockenen Erbse beträgt derselbe nach Sachsse[3]) im Mittel 13,56 Pct. — und weil

1) Es ist dies das allen Diffusionsbewegungen zu Grunde liegende Fundamentalgesetz.

2) Die Stärkekörner p. 333.

3) Ueber einige chemische Vorgänge bei der Keimung von Pisum sativum. 1872. p. 6.

die Micellarporen niemals Luft enthalten — es müssten feine Durchschnitte der Substanz unter dem Mikroscop dann schwarz oder doch trübe erscheinen, — so müssen die Micellen Polyeder sein. Auch bei der einfachsten Annahme, dass sie Würfel seien, deren Schwerpunct eine centrale Lage besitzt, würde doch schon die Wasserhülle keine Kugelschale von überall gleicher Dicke sein können. Wir dürfen deshalb nur diejenigen unserer an dem System materieller Puncte entwickelten Folgerungen hierauf zur Anwendung bringen, welche so allgemeiner Art sind, dass ihre Uebertragbarkeit auf die Micellen ausser aller Frage steht. Im Uebrigen tritt uns in der Molecularstructur der organisirten Substanz eine Reihe unbekannter Factoren entgegen, deren Erkenntniss wir uns nur durch Beschreitung des empirischen Weges zu nähern vermögen.

So scheint z. B. die Schichtung der Zellwände und Stärkekörner unserem Gesetz der ausgeglichenen Spannung zu widersprechen. Allein da das Gesetz unzweifelhaft richtig ist, sich auch experimentell erweisen lässt, so kann diese stabile Differenz im Wassergehalt nur darauf beruhen, dass in den wasserreichen Schichten die Widerstände, welche der Trennung des Wassers von den Micellen entgegenstehen, grösser sind, als die freien Anziehungskräfte der Micellen zum Wasser in den wasserärmeren Schichten; wir werden hierdurch zu der Annahme specifisch chemischer Affinitäten hingeführt, welche neben der blossen Quellungsanziehung in den wasserreichen Schichten wirksam sind und dort ein anderes Quellungsvermögen der Micellen bewirken, als in den wasserärmeren Schichten, wo früher Sättigung eintritt.

Einstweilen mögen diese Andeutungen genügen, und wird es um so weniger nöthig sein, auf die Schwierigkeiten, welche sich für die Erkenntniss der thatsächlichen Quellungserscheinungen aus der Beschaffenheit der vegetabilischen Substanz ergeben, specieller einzugehen, als dieselben bereits von Nägeli und Schwendener[1]) ausführlich und nachdrücklich hervorgehoben sind.

1) Das Mikroscop, II. Aufl. p. 429.

2. Die Schrumpfung.

Wenn ein System materieller Puncte Σa, welches durch Aufnahme einer Flüssigkeit b einen gewissen Quellungsgrad m erreicht hat, mit einem anderen quellbaren Systeme, dessen Elemente die gleiche Anziehung zu b, also den gleichen Quellungscoefficienten besitzen wie a, etwa mit Σc, in irgend einem Puncte in Berührung tritt, und wenn der Quellungsgrad von Σc gleich n ist, so muss dem Gesetz der ausgeglichenen Spannung[1]) zufolge eine Bewegung von b innerhalb dieser Systeme eintreten, welche dahin führt, beide Systeme in einen gleichen Quellungsgrad zu versetzen, dessen Grösse M dem arithmetischen Mittel aus m und n entspricht.

Besitzt dagegen das System Σc einen anderen Quellungscoefficienten als System Σa, so lassen sich die eintretenden Möglichkeiten in folgender Weise veranschaulichen. Das Dreieck ACB möge in Fig. 6 Taf. **1** das Quellungsvermögen[2]) von Σc darstellen. Ist nun der Quellungscoefficient von Σa kleiner als der von Σc, so können die Quellungsvermögen der beiden Systeme einander ähnlich sein, dasjenige von Σa etwa dem Dreiecke ADE entsprechen. Die beiden Quellungsvermögen können einander aber auch unähnlich sein, dann sind wiederum folgende Fälle denkbar:

$$\begin{array}{ll} \text{I} & AD < AC\,,\ AE < AB \\ \text{II} & AD < AC\,,\ AE = AB \\ \text{III} & AD < AC\,,\ AE > AB \\ \text{IV} & AD = AC\,,\ AE < AB \\ \text{V} & AD > AC\,,\ AE < AB. \end{array}$$

In allen diesen Fällen denken wir uns Dreieck ACB constant, Dreieck ADE variabel; der Leser wird die fünf Fälle in den mit feineren Linien gezeichneten Dreiecken der Fig. 6 mit Leichtigkeit wieder erkennen.

Setzen wir zuerst den Fall, dass die Quellungscoefficienten der Systeme Σa und Σc verschieden, die Quellungsvermögen aber ähnlich seien und sich verhalten wie Dreieck ADE zu Dreieck ACB, so verhalten sich die Quellungsvermögen einerseits wie die Coefficienten,

1) Vgl. oben pag. 115.

2) Vgl. pag. 14.

andererseits wie die Anziehungskräfte von a und c zu b, welche wir mit φ und ψ bezeichnen wollen.

Treten die beiden Systeme in Berührung, so entsteht keine Spannung in allen denjenigen Quellungsphasen, wo die als Ordinaten zu denkenden Kräfte φ und ψ einander gleich sind. Man findet natürlich die den einzelnen Ordinaten der Curve DE gleichen Ordinaten der Curve CB, wenn man die entsprechenden Abscissen zieht.

In allen denjenigen Phasen jedoch, wo φ und ψ verschiedene Grösse besitzen, wird dem Gesetz der ausgeglichenen Spannung zufolge eine Bewegung der Flüssigkeit b eintreten, bis beide Systeme Quellungsphasen erreicht haben, wo die gedachten Ordinaten einander gleich sind. Die ursprüngliche Grösse von φ und ψ entscheidet darüber, für welches der beiden Systeme die Aenderung des Quellungsgrades einen positiven, für welches sie einen negativen Werth haben wird; von dem letzteren sagen wir, es befinde sich im Zustande der Schrumpfung. Dass das System Σa durch die Berührung mit dem System Σc bis zum Nullpunct der Quellung ausgetrocknet werden kann, geht aus Fig. 6 ohne weiteres hervor. —

Ein Gleiches gilt für alle sub I bis IV der obigen Columne erwähnten Fälle, wo AD $<$ oder $=$ AC; nur in dem Falle, dass AD $>$ AC, kann Σa niemals durch Σc ausgetrocknet werden, wohl aber ist das umgekehrte Verhältniss möglich.

Endlich kann auch bei gleichem Quellungscoefficienten das Quellungsvermögen in dem einen System ein grösseres sein, als in dem anderen; dieser Fall erledigt sich wie der zuletzt erwähnte.

Sind die Quellungsvermögen beider Systeme einander ähnlich und befindet sich das System Σa im Maximum der Quellung, während das System Σc völlig ungequollen ist, so ist in der Berührung der beiden Systeme eine Spannkraft S gegeben, welche sich der durch Aufziehen eines Gewichtes gewonnenen Spannkraft vergleichen lässt. Nach Maassgabe der Quellung in Σc sinkt diese Spannkraft bis auf den Nullpunct herab, wodurch in Σc eine zweite Spannkraft erzeugt wird nämlich die wechselseitige Spannung der Puncte c, die wir k nennen können. Die Spannkraft k lässt sich ebenfalls einem aufgezogenen Gewichte vergleichen, sie besteht in dem räumlichen Auseinandersein der Puncte c, welche auf einander losstürzen, sobald man das Hinderniss, nämlich die dazwischen gelagerten Molecüle von b, entfernt. Die Spannkraft k sinkt nach Maassgabe der Schrumpfung von Σc.

Ganz analog wie Σc muss auch eine unbegrenzte Menge einer mit b mischbaren Flüssigkeit auf Σa einwirken, wenn man dieses hineintaucht; die Schrumpfung von Σa hört auf, sobald φ und die Anziehung der Flüssigkeit zu b einander gleich geworden sind.

Eine gleiche Wirkung kann endlich durch den leeren Raum auf das System Σa ausgeübt werden. Gehen wir von der Annahme aus, dass Σa sich im Quellungsmaximum befinde, so müssen so lange Molecüle von b aus Σa verdampfen, bis in dem gegebenen Raume der negative partiäre Gasdruck von b der Kraft φ gleich geworden ist. Die Spannkraft des aus dem gequollenen Körper entwickelten Dampfes ist geringer als die des aus tropfbar-flüssigem b in dem gleichen Raume und bei gleicher Temperatur entwickelten Dampfes. Um die gleiche Dampfspannung hervorzurufen, müsste man dem gequollenen System Σa soviel Wärme mehr zuführen, als nothwendig ist, um die als Widerstand wirkende Kraft φ zu überwinden. Die zum Austrocknen nöthige Werkwärme W ist also abhängig von der Grösse φ, doch muss bei der Verdampfung eine so grosse Wärmemenge z wieder frei werden, als nöthig war, um beim Aufquellen die Puncte a von einander zu trennen. Nennen wir die bei der Austrocknung zur Ueberwindung der Anziehung von a gegen b nöthige Wärmemenge α, die zur Ueberwindung der Anziehung von b gegen b nöthige Wärmemenge β und die zur Ueberwindung der Reibungswiderstände der Molecüle b nöthige Wärme γ, so beträgt die innere Werkwärme der Austrocknung

$$W_i = \alpha + \beta + \gamma - z.$$

Unter allen Umständen muss, damit Austrocknung eintreten könne, die lebendige Kraft der Molecüle b grösser sein als die Summe aus den gegen sie gerichteten Anziehungskräften und der Höhe des partiären Gasdruckes. Nennen wir die zur Ueberwindung nicht nur des partiären Gasdruckes, sondern auch jedes äusseren Druckes nothwendige Wärmemenge δ, so erhalten wir als gesammte Werkwärme der Verdampfung von Flüssigkeit aus einem gequollenen Körper

$$W = \alpha + \beta + \gamma + \delta - z.$$

Um also ein gequollenes System $\Sigma a + b$ durch Verdampfung auszutrocknen, ist eine Wärmemenge nöthig, welche gleich ist der Summe aus der beim Uebergang des Dampfes in den tropfbar flüssigen Zustand und der bei der Annäherung von b gegen a entwickelten, ferner der zur Ueberwindung der Reibungswiderstände und des Druckes verbrauchten Wärme.

---

3. Der Widerstand wässeriger Lösungen gegen die Quellung.

Wenn ein quellbares System Σa mit der Flüssigkeit b in Berührung tritt, so hat dasselbe, um quellen zu können, ausser anderen Widerständen auch den Cohäsionswiderstand von b, den wir β nennen wollen, zu überwinden. Enthält nun b noch einen anderen Körper in Lösung, etwa e, so erhöht sich der Widerstand β um eine von verschiedenen Variablen abhängige Grösse x.

Um die Höhe von x bestimmen zu können, sind folgende Anziehungskräfte in Berücksichtigung zu ziehen:

1. zwischen a und a $= \omega$.
2. zwischen a und b $= \alpha$.
3. zwischen b und b $= \beta$.
4. zwischen b und e $= \varepsilon$.
5. zwischen a und e $= \eta$.
6. zwischen e und e $= \vartheta$.

Wir können zuerst den Fall ins Auge fassen, dass es für die in der Flüssigkeit b gleichmässig vertheilten Elemente von e unmöglich ist, jemals in die zwischen den Puncten a entstehenden Intervalle eintreten zu können. Dann dringt beim Quellen ausschliesslich b in das System Σa ein, während die Lösung b + e concentrirter wird, wodurch in derselben die Kraft ϑ wächst, die Kraft β sich verringert. Hierbei wirkt nun ε ganz als Widerstand, so dass $x = \varepsilon$; die Grösse von ε ist bei gleicher Temperatur proportional dem Gehalt an e. Bei der Quellung wächst ε mit zunehmender Concentration von be so lange, bis es der Grösse von α auf der erreichten Quellungsphase gleich kommt, wodurch die Quellung sistirt wird. Das Quellungsmaximum kann demnach in einer solchen Lösung nicht erreicht werden, weil in der letzten Phase der Quellung höchstens noch der Widerstand β, aber nicht mehr $\beta + \varepsilon$ von der Kraft α überwunden wird.

Denken wir uns dagegen die Eigenschaften der Elemente von e dahin modificirt, dass dieselben gleich im Anfang der Quellung in die Intervalle von Σa einzudringen vermögen, so sind für den Effect der Quellung die verschiedenen Anziehungskräfte maassgebend. Sind α und η einander gleich (auch die Grösse der Theilchen b und e gleich gedacht), so wird die Lösung bei der Quellung in ungeänderter Concentration eintreten, wenn auch $\varepsilon = \beta$. Ist $\varepsilon < \beta$[1]), so wird die Lösung ein wenig concentrirter, ist $\varepsilon > \beta$, so wird sie ein wenig verdünnter eintreten können, als die umspülende Lösung, jedenfalls handelt es sich dabei immer nur um geringfügige Differenzen.

Von viel grösserer Bedeutung ist dagegen der Fall, dass α grösser als η. Nehmen wir an, die beiden Körper seien in jedem Verhältnisse mischbar. Unter den in der Lösung wirksamen Anziehungskräften muss zunächst ε grösser sein als β und ϑ, weil sonst nicht wohl Lösung zu Stande kommen konnte. Jedes einzelne Molekel b in der Flüssigkeit unterliegt nun der Anziehung $\beta + \varepsilon$, und jedes einzelne e der Anziehung $\vartheta + \varepsilon$. Geräth der quellbare Körper Σa mit dieser Lösung in Berührung, so ertheilt derselbe den Puncten b die Beschleunigung Γ', den Puncten e die Beschleunigung Γ''. Weil nun $\alpha > \eta$, so muss auch Γ' grösser sein als Γ''. Es muss daher zuerst eine Anzahl von b allein in Σa eintreten und dann erst im steigenden Verhältniss auch e, vorausgesetzt, dass η überhaupt einen hinlänglich beträchtlichen Werth besitzt. In dem Maasse nun, als mehr Puncte von b als Puncte von e aus der Lösung austreten, muss die Concentration derselben wachsen. In gleichem Maasse muss in der zurückbleibenden Lösung die auf den einzelnen Punct b wirkende Anziehung $\beta + \varepsilon$ steigen, die auf den einzelnen Punct e wirkende Anziehung $\varepsilon + \vartheta$ sich vermindern; beide Anziehungen wirken der Quellung gegenüber als Widerstände, die Aenderung ihres Werthes muss demnach die Beschleunigung Γ' ver-

1) Dies Verhältniss dürfte thatsächlich gar nicht existiren, weil schwer einzusehen ist, wie dann überhaupt eine Mischung von e und b zu Stande kommen konnte.

mindern, die Beschleunigung I^{v} steigern. Wenn daher nicht andere Factoren sich dem entgegenstellen, so muss in den quellenden Körper eine immer concentrirtere Lösung eintreten, zuletzt von gleicher Concentration, wie die äussere Lösung, sobald nämlich der Ueberschuss von α über η durch die wachsende Differenz der Widerstände von β und ε neutralisirt wird.

Offenbar kann bei Quellung in einer Lösung b + e das für die reine Flüssigkeit geltende Maximum nicht erreicht werden, sofern $\alpha > \eta$; ist dagegen $\eta > \alpha$, so muss das Maximum der Quellung in der Lösung höher liegen.

4. Das Verhältniss der Quellung zur Lösung.

Am Eingang dieser Schrift und an einigen anderen Stellen ward die Quellung in Uebereinstimmung mit den bisher in der Physiologie maassgebenden Anschauungen[1]) und im strengen Verfolg der beobachteten Thatsachen zu den Diffusionserscheinungen gerechnet. In der That stimmt die Quellung in einer Reihe wesentlicher Stücke mit demjenigen Processe der Hydrodiffusion überein, welche in ihrer letzten Phase als Lösung bezeichnet werden und mit der gleichmässigen Vertheilung eines festen Körpers in einer Flüssigkeit unter Aufgabe seines bisherigen Aggregatzustandes endigen. Die Uebereinstimmung beider Processe zeigt sich darin, dass durch Berührung eines quellbaren wie eines löslichen Körpers mit Wasser eine Spannung zur Auslösung kommt, welche dahin zielt, eine gleichmässige Mengung der Substanztheilchen und der Wassertheilchen herbeizuführen. Von dem Verhalten eines unvollkommen löslichen Körpers als einem Specialfall soll hierbei abgesehen werden.

Dieses Gesetz der ausgeglichenen Spannung ward oben bereits als das der Quellung und Lösung gemeinsame Grundgesetz der Diffusion bezeichnet.

---

1) Vgl. besonders Ludwig, Lehrbuch der Physiologie des Menschen I.

Allein in der Formel dieses Gesetzes besitzen wir nur eine Umschreibung, eine Definition von Thatsachen. Das Streben nach Erkenntniss kann bei derartigen Lehrsätzen dauernd nicht stehen bleiben; um in unserer Vorstellung die Einheit des Verhaltens von Quellung und Hydrodiffusion ursächlich zu begründen, ist zu fordern, dass beide Processe auf identische mechanische Wirkungen zurückgeführt werden.

In der That lassen sich die Vorgänge, welche dahin führen, die Masse eines auf dem Boden mit Wasser gefüllten Gefässes liegenden Salzkrystalls gleichmässig mit dem Wasser zu mengen, auf die gleichen Ursachen stützen, welche das Aufschwellen eines quellbaren Körpers durch Wasser veranlassen. —

Der Versuch einer mechanischen Theorie der Lösung ist meines Wissens bisher nur von Dossios[1]) unter Anlehnung an die Claususche Theorie der Verdampfung gemacht worden.

Nach Dossios kann die Lösung eines festen Körpers nur erfolgen unter Mitwirkung der Bewegungszustände der Molecüle. Indem sich ein Molecül A des festen Körpers gegen die Flüssigkeit B bewegt, lockert sich momentan die Verbindung A mit A', dafür verstärkt sich die Anziehung AB; durch diese letztere unterstützt, vermag die eigene lebendige Kraft A von A' loszureissen und zwischen B hineinzuschleudern. So bewegen sich bald zahlreiche Molecüle von A in der Flüssigkeit B; einzelne werden auch wieder an das feste A' geworfen und hier festgehalten. Tritt ein Punct ein, wo eben so viele A vom festen Körper in die Flüssigkeit als aus der Lösung an den festen Körper hinantreten, so ist B mit A gesättigt.

Ohne weiteres zeigt sich in dieser Deduction eine nahe Uebereinstimmung mit einem der mechanischen Momente, welchem oben für den Process der Quellung causale Bedeutung zugeschrieben worden ist. Allein diese Erklärung der Lösung ist eine einseitige, auf wichtige, gleichzeitig wirkende Bewegungsursachen ist keine Rücksicht genommen, speciell ist der Druck des Wassers ausser Acht gelassen worden. —

Um unsere Betrachtung an die Fundamentalerscheinung der Hydrodiffusion anzuknüpfen — nämlich daran, wie sich ein Tropfen concentrirter Salzlösung in einer begrenzten Wassermenge ausbreitet —

1) Vierteljahrsschrift der Züricher naturf. Gesellschaft XIII p. 1 ff. 1867.

möge hier grösserer Anschaulichkeit halber an ein paar allgemein bekannte Thatsachen durch Erwähnung eines leicht anzustellenden Versuches erinnert werden.

In einen 15 cm breiten Glascylinder ward Wasser bis zur Höhe von 8 cm eingegossen und auf den Grund des Gefässes eine umgekehrte Porcellanschale mit ebenem Boden gestellt, welche im Wasser einen 4 cm hohen, abgestumpften Conus bildete. Auf diese Fläche ward ein Krystall von übermangansaurem Kali geworfen, an welchem einige sehr kleine Körnchen derselben Substanz hafteten. Von diesen letzteren blieben einige an der Oberfläche des Wassers hängen, andere fielen mit dem Krystall auf die Porcellanfläche. Die ersteren entsendeten sehr rasch dunkelrothe Fäden vertical abwärts im Wasser, die am untersten Ende einen Kopf von der Form eines Coprinushutes bildeten. Dieser Hut stiess schliesslich auf den Boden des Gefässes und breitete sich hier rasch kreisförmig aus bis zum Durchmesser von mehreren Centimetern, während der denselben mit dem sich lösenden Salzstückchen verbindende Stiel sich nur wenig von oben nach unten verdickte, dabei heller und weniger concentrirt werdend; die Diffusion vollzog sich weitaus am schnellsten auf dem Boden des Gefässes. Die zu Boden gefallenen kleinen Körnchen hatten ebenfalls auf ihrem Wege durch das Wasser je einen dunkelrothen, aufrechten Faden zurückgelassen; diese Fäden neigten sich bei ihrer Verbreiterung auf die Seite und fielen geradezu im Wasser um, was durch die grössere Schwere und Cohäsion der concentrirten Lösung herbeigeführt wurde.

Von dem grossen Krystall aus entwickelte sich schnell eine der Porcellanfläche anliegende, Anfangs scharf, später undeutlich contourirte Schicht tiefrother Lösung von $^1/_2$ mm Höhe; nach fünf Minuten erreichte diese Lösung den Rand der Porcellanscheibe und floss nun abwärts über die conisch geneigten Wände der Schale bis an den Boden des Glasgefässes, auf letzterem fort bis an die aufrechten Wände. Nach 20 Minuten besass diese Schicht einen horizontalen Durchmesser von 150 mm, aber erst eine Höhe von 2 mm. In diesem langsamen Tempo erfolgte die verticale Ausbreitung des Salzes.

In einem anderen mit Wasser gefüllten Glascylinder von 20 mm Durchmesser und 100 mm Höhe wurde auf den Boden eine grössere Zahl Krystalle von übermangansaurem Kali gebracht, welche dort eine sehr concentrirte Lösung erzeugten, die nur äusserst langsam im Wasser aufwärts stieg; erst nach drei Tagen war dieselbe bis zur Oberfläche emporgedrungen und hatte sich gleichmässig im Wasser vertheilt. Von kleinen, an der Oberfläche des Wassers hängen gebliebenen Körnchen nach abwärts ausgehende Lösungsströme erreichen den Boden einer gleich hohen Wassersäule in wenigen Minuten.

Diese Beobachtungen erläutern das oben gestellte Problem, soweit die äussere Wahrnehmung dabei in Betracht kommt. Es ist eine Triebkraft ersichtlich, welche die specifisch schwereren Salzmolekel im Wasser emporhebt. Daneben wirkt eine durch die Schwere hervorgerufene Druckkraft, die, sofern sie die gleiche Richtung mit der Triebkraft inne hält, diese verstärken, bei entgegengesetzter Richtung als Widerstand die Triebkraft verringern, bei normaler Richtung eine Resultante erzeugen wird. Sodann kommt als constanter Widerstand gegen die Diffusion die Anziehung der Salzmolekel zu einander in Betracht, welche mit abnehmender Distanz sich verringern muss. Endlich ist die lebendige Kraft beider Arten von Molekeln zu berücksichtigen, in der Wirklichkeit sind auch durch Temperaturdifferenzen etc. grobe Strömungen im Wasser von Bedeutung, durch welche Ablenkungen hervorgerufen werden, so dass die Erscheinung eine im hohen Grade complicirte wird.

Lassen wir, um die Erscheinung möglichst einfach zu haben, alle diese letzterwähnten Umstände unberücksichtigt und wählen eine concentrirte Salzschicht auf dem Boden des Gefässes zum Ausgang der Betrachtung. Die Triebkraft der Diffusion sucht hierbei die Salzmolekeln emporzuheben, die Schwere wirkt ganz als Widerstand, welcher die Wirkung der Triebkraft verlangsamt.

Wie kommt diese Triebkraft mechanisch zu Stande?

Ueber diese Frage geht man in der Regel mit dem Satze hinweg, dass, wenn die Flüssigkeitstheilchen gegen Salztheilchen eine grössere Anziehung besitzen als gegen einander, diese Salztheilchen sich gleichmässig in der Flüssigkeit verbreiten müssen, dabei Widerstände, wie z. B. die Schwere, überwindend.

Dieser Satz giebt keine Erklärung, in seiner allgemeinen Fassung ist er ungenügend. Soll die Anziehung des Wassers die Salztheilchen direct durch das Wasser verbreiten, so müsste ein isolirtes Salzmolekel, welches auf dem Boden eines mit Wasser gefüllten Gefässes lag, trotz seiner Schwere bis zur Mitte der Höhe des Wassers emporgehoben werden und hier schweben bleiben: allein thatsächlich wird das Salzmolekel seinen Platz auf dem Boden des Gefässes nicht verlassen. Ganz gleich würde es sein, wenn statt des einen auch eine grössere Zahl von Salzmolekeln zerstreut auf dem Boden des Gefässes liegen. Der Umstand, dass die Wassermolekel gegen die Salzmolekel eine grösssere Anziehung besitzen als gegen einander, wird direct nur die Folge haben können, dass in unmittelbarer Nähe der Salzmolekel das Wasser unter einem höheren Drucke steht als an anderen Stellen des gleichen Querschnitts einer Wassersäule, beziehungsweise, dass um die Salzmolekel herum sich Schichten verdichteten Wassers bilden.

Denken wir uns nun zwei der in Wasser löslichen Salzmolekel einander soweit genähert, dass die von ihrer Anziehung gegen das Wasser ausgehenden Wirkungssphären in einander übergreifen, so wird um diese beiden Molekel herum eine Anordnung des Druckes nach lemniskatischen Curven in der Flüssigkeit Platz greifen, wodurch die Molekel der Schwere entgegen aus einander getrieben werden und zwar so weit, bis die Interferenz der Attractionssphären der Molekel aufhört, oder vielmehr, bis die Widerstände der Triebkraft gleich kommen; ein solcher Widerstand kann auch dadurch entstehen, dass eines der Molekel bei seiner Wanderung auf die Wirkungssphäre eines dritten Molekels stösst. Enthält die concentrirte Lösung Millionen von Salzmolekeln, so entstehen zahlreiche, verschlungene Gruppen von Lemniskaten; die Resultante aller dadurch hervorgerufenen Bewegungsrichtungen der Salzmolekel wird die Richtung von den Orten des grösseren zum geringeren Druck, vom Orte der stärksten zum Orte der geringsten Concentration in der Flüssigkeit sein.

Somit verbindet sich mit der durch den lemniskatischen Druck hervorgerufenen Einzelabstossung zweier Molekeln in Richtung der sie verbindenden Geraden eine Massenabstossung der Molekeln senkrecht gegen die Flächen gleicher Concentration in der Lösung; die Bewegung von den concentrirten zu den verdünnten Schichten wird andauern, bis überall in der Lösung gleicher Druck (abgesehen von der gewöhnlichen hydrostatischen Höhendifferenz) und damit gleiche Concentration herbeigeführt worden ist. Damit ist das Gleichgewicht ein stabiles geworden, die Spannung ist ausgeglichen, die Diffusion vollendet.

So muss in dem Druck des Wassers gegen die Salztheilchen die eigentliche dirigirende Triebkraft der Hydrodiffusion anerkannt werden; denn die lebendigen Kräfte der in der Lösung vorhandenen Wasser- und Salzmolekel können wohl Wirbel erzeugen und an der Grenzschicht die Diffusion beschleunigen; der Diffusion gegenüber werden sie aber auch eventuell als Widerstände wirken können, und keineswegs immer nur die Triebkraft verstärken.

Für den ersten Theil des Lösungsprocesses, für das Losreissen der Salzmolekel von der Oberfläche des Krystalls kommt gewiss der Bewegung der Molekel hervorragende Wichtigkeit zu, wahrscheinlich ist sie nothwendig, und tritt dadurch die Dossios'sche Theorie der Lösung in Geltung. Für den zweiten Theil, für den Ausgleich der Concentration in der lösenden Flüssigkeit muss der Druck des Wassers den Haupttheil der Diffusionsarbeit leisten und den Molekeln ihre Bewegungsrichtung vorschreiben.

Nur indirect, nur insofern kann man als Ursache der Lösung die stärkere Anziehung der Wasser- zu den Salztheilchen anführen, als durch sie die Druckdifferenzen im Wasser zu Stande kommen; daraus folgt allerdings, dass ohne diese grössere Anziehung der Wassertheilchen zu den Salztheilchen keine Lösung, keine Diffusion denkbar sein würde. —

Der Zweck dieser Darlegung war, unter Voraussetzung der Richtigkeit von Nägeli's Theorie, die Quellung als eine Diffusionserscheinung auch in ihren mechanischen Ursachen nachzuweisen; die Dynamik der Quellung ruht auf gleicher Basis mit der Dynamik der Hydrodiffusion.

V. Uebersicht der wichtigeren Ergebnisse.

Aus den vorstehend gegebenen Mittheilungen möchte ich folgende Sätze herleiten, beziehungsweise an dieselben anknüpfen.

1. In Uebereinstimmung mit der durch Nägeli und Ludwig begründeten Auffassung muss die Quellung den Diffusionserscheinungen zugezählt werden. Ohne dass capillare Poren vorhanden wären, nehmen die quellbaren Körper Flüssigkeiten auf und erweitern dadurch ihr eigenes Volum annähernd um das Volum der imbibirten Flüssigkeit. Dieser Volumvergrösserung proportional ist die Steigerung der Quellungsdisgregation, d. h. der relativen Abstände der Micellen.

2. Eine und dieselbe quellbare Substanz kann verschiedene Quellungsgrade zeigen je nach der Menge des aufgenommenen Wassers; aber auch im Maximum der Quellung unterscheidet sie sich von einer Lösung dadurch, dass ihre Theile Zugkräften gegenüber sich deutlich elastisch verhalten[1]). Wenn auch in manchen stark gequollenen Körpern wegen ihrer Plasticität der Druck sich nach allen Seiten wie in einer Flüssigkeit fortpflanzen kann, so werden diese, sich selbst überlassen, doch niemals Tropfen zu bilden vermögen. Es empfiehlt sich deswegen, für die Definition des Unterschiedes zwischen einer gequollenen und einer gelösten Colloidsubstanz den Umstand zu betonen, dass der gequollene Körper frei im Raume eine beliebige, ihm ertheilte Form beibehält, während die Lösung zum Tropfen sich rundet.

3. Von der chemischen Zusammensetzung abhängig, besitzen die vegetabilischen Substanzen verschiedene Quellungscoefficienten. Es sei nur erinnert an die Quellbarkeit der Zellwände einer Nussschale und diejenige der Schale eines Quittenkerns; im Quellungsmaximum wechselt die Cohäsion vom beinharten zum gallertartigen Zustande, je nach dem Character der Substanz.

4. Nach Maassgabe der Menge des aufgenommenen Wassers und der damit erhöhten Quellungsdisgregation wird die organisirte Substanz geschmeidiger, dehnbarer, weniger fest und weniger elastisch.

5. Beispiel. Während in lufttrockenen Stämmen von *Laminaria* der Elasticitätsmodul den Werth 430 besitzt, sank derselbe bei Aufnahme

1) Flüssigkeiten von sehr grosser Viscosität bilden eine Uebergangsstufe.

von 40 Gewichtsprocenten Wasser auf 25, bei 90 Pct. auf 9,0, bei 140 Pct. auf 3, bei 350 Pct. auf 1,5.

6. Beispiel. Die Dehnbarkeit eines trockenen Streifens aus *Laminaria*-Laub erhöhte sich bei Aufnahme von 300 Pct. Wasser auf das sechzigfache ihrer ursprünglichen Grösse, während die Zugfestigkeit dabei auf ein Zehntel der Zugfestigkeit der trockenen Substanz herabsank.

7. Beispiel. Setzen wir die Druckfestigkeit eines trockenen *Laminaria*-Stammes = 100, so verringerte sich dieselbe bei Aufnahme um 15 Pct. Wasser auf 59, von 25 Pct. auf 12, von 75 Pct. auf 7, von 140 Pct. auf 5,3, von 240 Pct. auf 3, von 300 Pct. auf 1,7.

8. Proportional dem Sinken der rückwirkenden Festigkeit steigt die Plasticität (d. h. die Verschiebbarkeit der Micellen) mit dem Grade der Quellung eines *Laminaria*-Stammes; die Substanz nähert sich dabei dem flüssigen Aggregatzustande, ohne denselben jemals zu erreichen.

9. Auch die Quellungskraft verringert sich mit zunehmendem Wassergehalt eines quellenden Körpers. Wir messen diese Abnahme der Quellungskraft entweder an der verminderten Beschleunigung des Aufquellens, oder an der Verringerung des äusseren Druckes, welcher in den einzelnen Quellungsphasen überwunden werden kann.

10. Die Geschwindigkeit der Quellung verringert sich mit jeder Quellungsphase, d. h. mit jedem neuen Zeittheilchen während der Dauer des Quellungsprocesses. Bei einem aus *Laminaria*-Laube geschnittenen Plättchen sank die Geschwindigkeit der Quellung in den Anfangsphasen rasch, in den letzten Phasen sehr langsam.

11. Lässt man einen Körper quellen unter Belastung durch einen äusseren Druck, so ist das Vermögen des quellenden Körpers, diesen Druck zu überwinden, in den ersten Phasen der Quellung beträchtlich, es verringert sich mit Zunahme der Quellung anfangs schnell, später weit langsamer, bis es auf den Nullpunct herabsinkt.

12. Bringt man die in Bezug auf die Verminderung der Elasticität, der rückwirkenden Festigkeit, der Quellungsgeschwindigkeit und der Quellungskraft gewonnenen Beobachtungen in Form von Curven zu graphischer Darstellung, so zeigt die Form dieser vier Curven eine beträchtliche Uebereinstimmung. Dieselbe nähert sich einer Parabel, deren Scheitel dem Nullpunct der Ordinaten- und Abscissen-Axe mit seiner Convexität zugekehrt ist.

13. Die Widerstände gegen die Quellung sondern sich in innere und äussere. Zu den inneren Widerständen gehört die Cohäsion der Micellen, der Reibungswiderstand des Wassers. Aeusserer Widerstand kann der Quellung entgegengesetzt werden durch die Cohäsion des Wassers, durch Körper, die im Wasser gelöst sind oder durch mechanischen Druck. Zur Ueberwindung dieser Widerstände ist ein Aufwand an mechanischer Arbeit erforderlich.

14. Die äussere Arbeit, welche ein quellender Körper durch Ueberwindung von Druck zu leisten vermag, verringert sich, der Quellungskraft entsprechend, mit dem Grade der Quellung. Diese Arbeit ist daher, auf das Raumelement der Ausdehnung des quellenden Körpers bezogen, am grössten bei der höchstmöglichen Belastung. Auf constanten Druck bezogen ist dagegen die äussere Arbeit der Quellung sowohl bei dem höchsten wie bei dem niedrigsten zur Anwendung gekommenen Drucke am geringsten, sie erreicht ihr Maximum unter einem mittleren Druck, welcher z. B. für das Laub von *Laminaria* ungefähr 10 Atmosphären beträgt.

15. Der Gesammtbetrag an äusserer Arbeit, welche ein Gramm trockenen *Laminaria*-Laubes verrichten kann, wurde auf 0,2 Kilogrammmeter berechnet.

16. Für constanten Druck und constante Temperatur ist die Geschwindigkeit der Quellung abhängig von der Quellungsphase. Bei constanter Temperatur ist für gleiche Quellungsphasen die Geschwindigkeit abhängig vom äusseren Druck.

17. Bei constantem Druck und gleicher Phase ist die Geschwindigkeit der Quellung abhängig von der Temperatur. Das Quellungsmaximum wird deswegen bei höherer Temperatur rascher erreicht als bei niedrigerer, liegt aber bei niedrigerer Temperatur ebenso hoch, wie bei höherer.

18. Dagegen wird durch äussere Widerstände, wie mechanischen Druck oder im Wasser gelöste Substanzen, nicht bloss die Geschwindigkeit der Quellung verringert, sondern auch das Quellungsmaximum herabgesetzt.

19. Bei der Quellung wird aus Salzlösungen, wenn die Anziehung des quellenden Körpers zum Salz eine geringere ist, als zu der des

Wassers, eine verdünntere Lösung aufgenommen. Die gleiche Thatsache ist von Ludwig bereits für thierische Gewebe constatirt worden.

20. Die Grösse des der Abdunstung von Wasser aus einem gequollenen Körper entgegengesetzten Widerstandes ist abhängig von der Temperatur und der Feuchtigkeit der Luft; sind diese constant, so ist er abhängig vom Quellungsgrade und zwar umgekehrt wie die Geschwindigkeit des Aufquellens.

21. Man beobachtet daher, wenn ein gequollenes Stück *Laminaria*-Laub austrocknet, dass im ersten Zeittheilchen ein Maximum von Wasser verdampft und in den folgenden Zeittheilchen die verdampfende Wassermenge sich successive bis auf den Werth von Null verringert.

22. In den inneren Schichten der bei der Quellung um die Micellen gebildeten Wasserhüllen werden die Wassermolekel in hohem Grade unbeweglich gemacht. Im Quellungsmaximum erweist sich ein ganz geringer Druck hinreichend, aus *Laminaria*-Laub Wasser auszupressen. Bei 170 Pct. Wassergehalt genügten dazu 16 Atmosphären; bei 93 Pct. waren aber bereits 200 Atmosphären nothwendig, um Wasser zum Austreten zu bringen. Dahingegen bilden ungefähr 8 Atmosphären den Maximaldruck, unter welchem *Laminaria*-Laub 93 Pct. Wasser aufzunehmen vermag.

23. In *Laminaria*-Laub, welches 230 Pct. Wasser imbibirt hatte, erlitt das Wasser eine Zusammendrückung von 0,2 Volumprocenten; dies würde einem mittleren Druck von ungefähr 45 Atmosphären entsprechen.

24. Ein Gramm feine Drehspähne aus getrockneten *Laminaria*-Stämmen zeigte bei der Quellung mit 66 Pct. Wasser einen Wärme-Verbrauch von 2,29 Calorien, was einen Arbeitswerth von — 0,97 Kilogrammmetern repräsentirt. Wenn die *Laminaria*-Spähne dagegen vorher lange mit Wasser ausgewaschen und dann wieder getrocknet wurden, wodurch alle löslichen Stoffe aus denselben entfernt waren, so ergab sich bei der Quellung mit 66 Pct. Wasser für das Gramm *Laminaria* eine Wärme-Production von 1,35 Calorien = + 0,57 Kilogrammmeter Arbeitswerth. Mit 80 Pct. Wasser quellendes Erbsenmehl zeigte für ein Gramm ebenfalls eine positive Wärme-Entwicklung von 1,35 Calorien = + 0,57 Kilogrammmeter Arbeitswerth.

25. Die Grösse der inneren Arbeit der Quellung ist vor der Hand nicht bestimmbar. Die im Getrenntsein von trockener quellbarer Substanz und Wasser gegebene Spannkraft zur Verrichtung innerer Arbeit muss aber eine sehr beträchtliche Höhe besitzen.

26. Indem wir bei unseren Messungen wahrnehmen, dass den Quellungsprocess eine Entwicklung positiver Quellungswärme begleitet, beobachten wir darin einen beträchtlichen Ueberschuss des im Zusammenströmen von Wasser und quellbarer Substanz gegebenen Arbeitsvorrathes über die wirklich bei der Quellung geleistete Arbeit, mithin einen beträchtlichen Ueberschuss von disponibler lebendiger Kraft über die vorhandenen Widerstände.

27. Wenn eine Substanz in Quellung geräth, so dringt Wasser zwischen die Micellen ein und treibt dieselben aus einander. Die hierbei zur Auslösung kommende Triebkraft muss für die Strecke, um welche zwei benachbarte Micellen aus einander weichen, grösser sein, als der in der Richtung der Verbindungslinie dieser beiden Micellen wirkende Widerstand. Ein Maass für diesen Widerstand, dessen absolute Grösse mit der Quellung abnimmt, ist in dem Elasticitätsmodul der quellenden Substanz gegeben.

28. Um das Zustandekommen dieser Triebkraft vorstellbar zu machen, welche bei der Quellung zwei durch Cohäsion mit einander verbundene Micellen trockener Substanz in der Richtung ihrer Verbindungslinie (Quellungsaxe) aus einander reisst und Raum schafft für das eindringende Wasser, ist ein kurzer theoretischer Ausblick unerlässlich.

Wir können uns zu dem Ende sämmtliche durch eine Micelle quellbarer Substanz repräsentirte Zugkräfte in dem Mittelpuncte einer Kugel von sehr kleiner Dimension vereinigt denken.

Wenn wir eine solche Kugel, die beträchtliche Anziehung zu einer Flüssigkeit, z. B. zum Wasser besitzt, in dieses letztere eintauchen, so ordnen sich die Theilchen des Wassers um diese Kugel in Form von Kugelschalen, und in jeder einzelnen dieser durch die Kugel als Attractionscentrum erzeugten Schalen herrscht gleicher Druck; der Druck in jeder inneren Schale ist aber grösser als in der zunächst liegenden äusseren Schale.

Die Kugel befindet sich nun mit derjenigen sie umgebenden Flüssigkeit, die innerhalb ihrer Wirkungssphäre liegt, im stabilen Gleichgewicht und im Zustande der Ruhe.

Wenn aber zwei derartige in Wasser eingetauchte Kugeln einander soweit genähert werden, dass ihre Wirkungssphären in einander übergreifen, so bleiben die unter ihrem Einfluss stehenden Wassertheilchen nicht etwa in Kugelschalen angeordnet, die auf der zugewandten Seite der Kugeln einander berühren, womit das stabile Gleichgewicht bewahrt bleiben oder beide Kugeln nur noch fester gegen einander gepresst werden würden. Es entsteht vielmehr um die beiden Kugeln als um ein einheitlich verbundenes Paar von Attractionscentren ein System eigenartiger Curven gleichen Druckes im Wasser, welche man Lemniskaten nennt. Innerhalb dieser Lemniskaten aber ist das Gleichgewicht der beiden Kugeln ein labiles, indem dieselben durch den Druck des Wassers auf der Lemniskatenaxe, d. h. auf ihrer eigenen Verbindungslinie von den Flächen grösseren nach den Flächen geringeren Druckes gedrängt und dadurch aus einander getrieben werden. Diese einander fliehende Bewegung der Kugeln hört auf, sobald der lemniskatische Druck geringer geworden ist als der Widerstand, d. h. als die Anziehung der Kugeln gegen einander.

29. Auf gleiche Weise müssen auch in dem Wasser, welches mit einem Paare von Micellen quellbarer Substanz in Berührung tritt, die Druckkräfte zu einem System lemniskatischer Curven sich ordnen und so die Micellen nöthigen, in der Richtung der Lemniskatenaxe so weit aus einander zu weichen, bis dem lemniskatischen Druck durch den Cohäsionswiderstand des Micellenpaares das Gleichgewicht gehalten wird. Die Gestalt der Micellen ist dabei ganz gleichgültig. Wir mögen uns für dieselben eine beliebige polyedrische Form vorstellen, immer wird um zwei Micellen eines quellbaren Körpers bei der Berührung mit Wasser sich ein Lemniskatensystem von der geschilderten Druckwirkung bilden müssen.

30. Wenn ein aus Tausenden von Micellen zusammengesetztes Stück organisirter Substanz in Wasser eintaucht, so werden zwischen benachbarten Micellen verschiedene, verschieden gerichtete Lemniskatenaxen zur Ausbildung kommen. Die Bewegungsrichtung der Micellen muss einer Resultante aus diesen Axen folgen. Da wir wissen, dass

in organisirten vegetabilischen Körpern, z. B. in Zellwänden, der Elasticitätsmodul in verschiedenen Richtungen ungleich gross ist, so werden für den ganzen quellenden Körper schliesslich resultirende Quellungsaxen verschiedener Grösse entstehen müssen, was mit der Erfahrung im Einklange steht.

31. Die dynamischen Beziehungen der Micellen gegen einander und gegen Wasser gestalten sich complicirter, wenn wir dieselben aus dem Gesichtspuncte der mechanischen Wärmetheorie betrachten. Die lebendige Kraft der kleinsten Theilchen, durch welche dieselben in immerwährender Bewegung erhalten werden, muss aber dazu beitragen, die Quellung eines Körpers zu beschleunigen.

32. Mit der Quellung können wir die Ausbreitung eines Tropfens concentrirter Salzlösung in einer gegebenen Menge von Wasser vergleichen, wobei die Salztheilchen der Schwere entgegen emporsteigen, bis sie eine gleichmässige Vertheilung im Wasser erlangt haben. Auch hierbei muss die gegenseitige Abstossung der Salztheilchen durch den zwischen zwei Theilchen in Richtung einer Lemniskatenaxe wirksamen Druck des Wassers hervorgebracht werden. Es gelingt somit, die Dynamik der Quellung mit der Dynamik des einfachsten Fundamentalversuches der Hydrodiffusion unter denselben Gesichtspunct zu fassen. Die in beiden Erscheinungen wirkenden Kräfte sind die gleichen, nämlich ein durch die Anziehung der kleinsten Theilchen fester Substanz hervorgerufener, hydrostatischer Druck des Wassers.

33. Ein Niederschlag entsteht, wenn bei Aenderung der chemischen Qualitäten eines gelösten Körpers die Anziehung der Molekel desselben zum Wasser so gering wird, dass der lemniskatische Druck des Wassers, welcher die gleichmässige Vertheilung der gelösten Substanz hervorrief, der Schwere nicht mehr das Gleichgewicht zu halten vermag.

34. Bezeichnen wir mit c die Geschwindigkeit eines Körpers, mit k die motorische Kraft, mit w den Widerstand, so erhalten wir die dem Ohm'schen Gesetze nachgebildete Gleichung

$$c = \frac{k}{w}.$$

Von diesem Grundgesetze sind sowohl Quellung wie Lösung abhängig.

Erklärung der Abbildungen.

Tafel I.

Fig. 1. System lemniskatischer Curven gleichen Druckes in einer die beiden Attractionscentren A und B umgebenden Flüssigkeit.

Fig. 2. Vgl. pag. 105.

Fig. 3. Aus den zwei materiellen Puncten a und a' bestehendes quellbares System im Momente der beginnenden Quellung.

Fig. 4. Das gleiche System aa' nach vollendeter Quellung.

Fig. 5. Curve zur Berechnung der von einem quellenden Körper geleisteten äusseren Arbeit.

Fig. 6. Graphische Darstellung der im Quellungsvermögen zweier verschiedenartiger Substanzen möglichen Differenzen.

Tafel 2.

Fig. 1. Picnometer zur Bestimmung der Verdichtung des Wassers bei der Quellung. a Steigrohr, b Thermometer.

Fig. 2. Calorimeter zur Bestimmung der Quellungswärme im Längsschnitt. Das eigentliche Gefäss ist von Messingblech, die dasselbe tragenden Spitzen und der Mantel sind von Holz.

Fig. 3. Presse zur Bestimmung der abnehmenden Cohäsion bei der Quellung. Alle Figuren sind verkleinert.

Tafel 3.

Fig. 1. Oedometer zur Bestimmung der äusseren Arbeit der Quellung; verkleinert.

Fig. 2. Stempel und Verschlussstück des Oedometers im Längsschnitt; natürliche Grösse.

Fig. 3. Basis des Stempels, um die Durchbohrungen zu zeigen.

Fig. 4. Fühlhebel zur Messung der Dicke feiner Plättchen. Das zu messende Object wird unter den kurzen, gekrümmten Hebelarm bei c gelegt, letzterer durch das verschiebbare Gewicht p auf die Unterlage gedrückt. Der an einem graduirten Bogen spielende, lange Hebelarm ab trägt bei b einen Nonius, derselbe gestattet 0,02 mm direct abzulesen, 0,01 mm durch Schätzung zu bestimmen.

Tafel 4.

Fig. 1. Von den hier gegebenen Curven bezeichnet EE die Verringerung der Elasticität, FF die Verringerung der rückwirkenden Festigkeit, GG die Verringerung der Quellungsgeschwindigkeit und KK die Verringerung der Quellungskraft während der Quellung von *Laminaria.*

In Curve EE bedeutet der Werth der Ordinaten den Elasticitätsmodul, der Werth der Abscissen den Quellungsgrad (Wassergehalt in Procenten der lufttrockenen Substanz).

In Curve FF bedeutet die Ordinate den Festigkeitscoefficienten, die Abscisse den Quellungsgrad.

In Curve GG bedeutet die Ordinate die Quellungsphase (Wassergehalt in Volumprocenten), die Abscisse die Zeit des Aufquellens mit der Minute als Einheit.

In Curve KK bedeutet die Ordinate den auf der quellenden Substanz lastenden Druck in Atmosphären, die Abscisse den Quellungsgrad.

Fig. 2. Der Flächenraum ACC′DB bezeichnet die Grösse der von quellendem *Laminaria*-Laub geleisteten äusseren Arbeit; die Werthe der Ordinaten bedeuten Kilogramme; diejenigen der Abscissen den Quellungsgrad, wobei die Ausdehnung der quellenden Säule um 0,01 mm als Einheit gerechnet ist. Bei DB musste die Figur des Raumes wegen abgebrochen werden; der Endpunct der Abscisse AB würde die Zahl 330 tragen. Da ferner die grössten, in den Anfangsphasen der Quellung zu überwindenden Drucke nicht zur Beobachtung gelangten, so ist auch hier bei C und C′ die Figur abgestumpft. Denken wir uns den Gang der Curve AB nach oben fortgesetzt, so dürfte der Anfangspunct C der Ordinate AC die Zahl 50 tragen.

Universitäts-Buchdruckerei von Carl Georgi in Bonn.

Fig. 1.

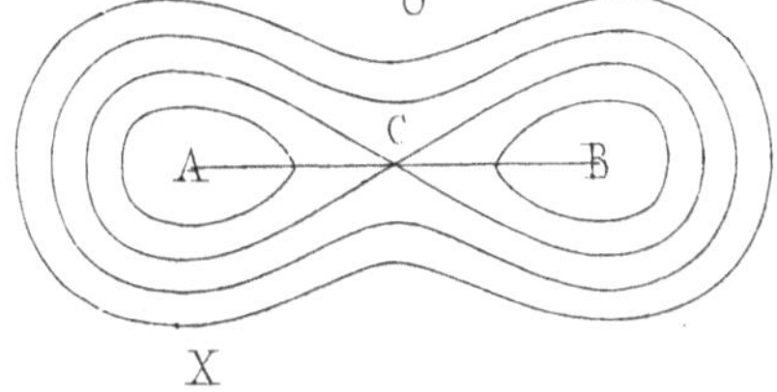

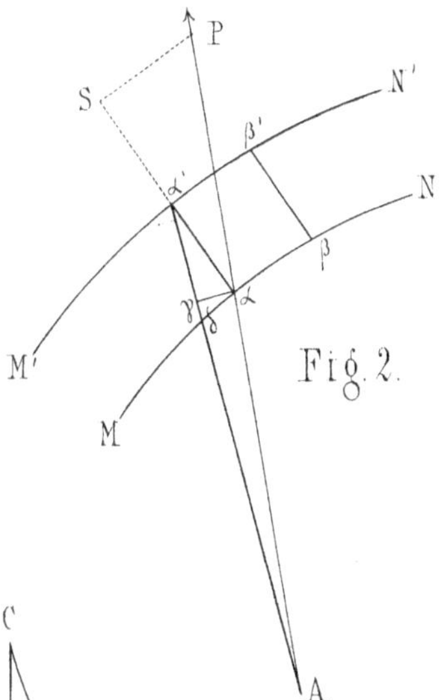

Fig. 2.

Fig. 3.

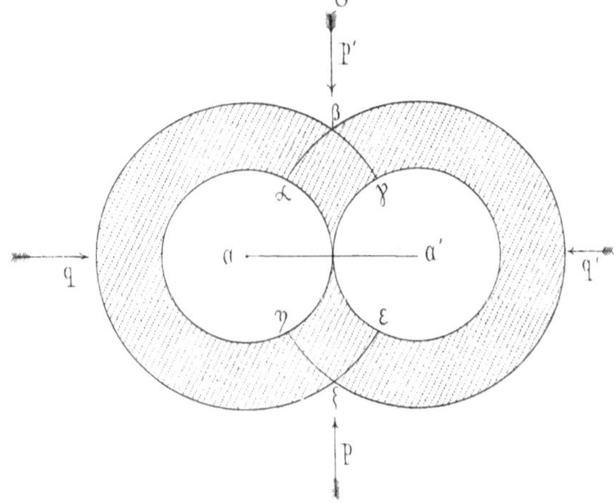

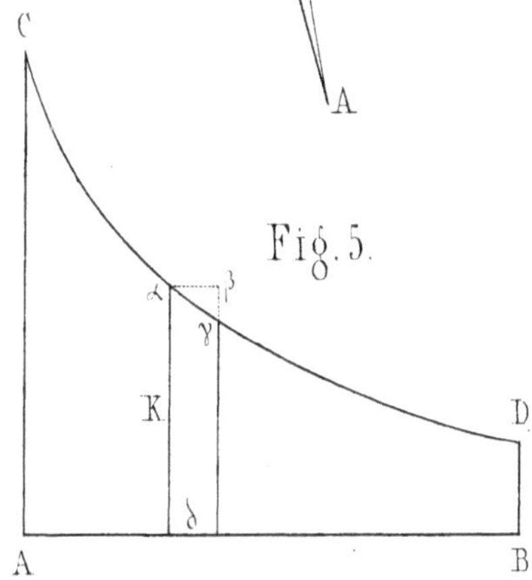

Fig. 5.

Fig. 4.

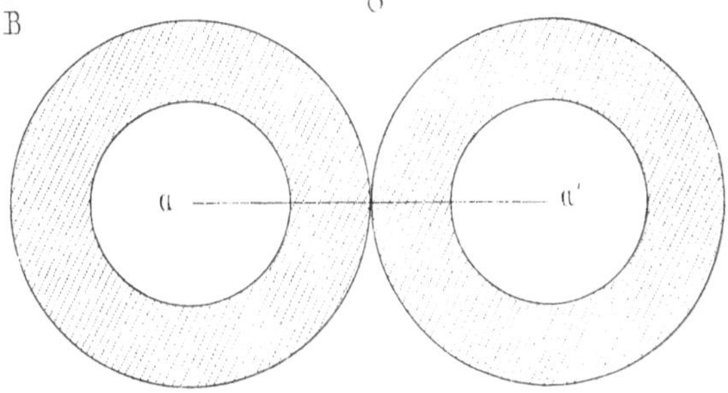

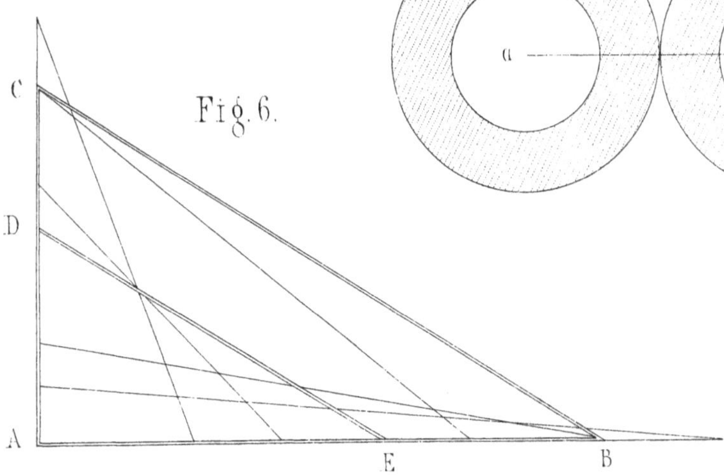

Fig. 6.

Fig. 1.

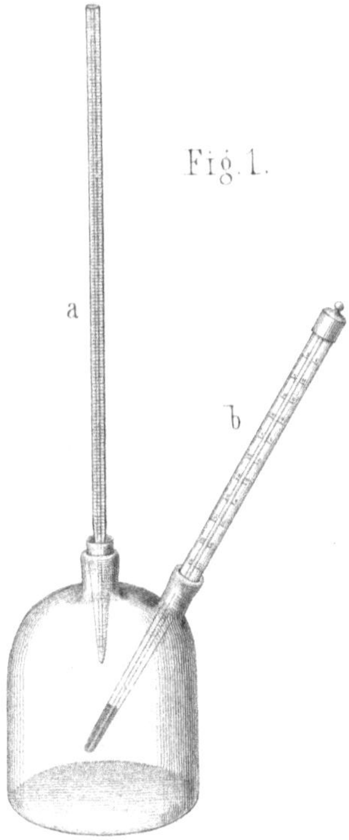

Fig. 2.

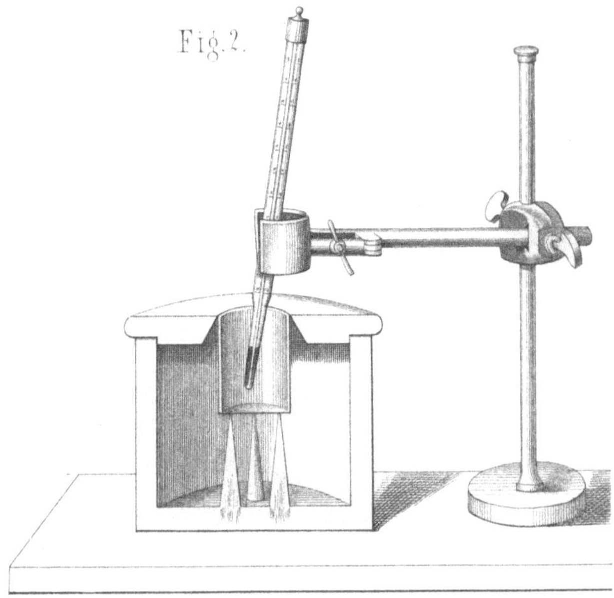

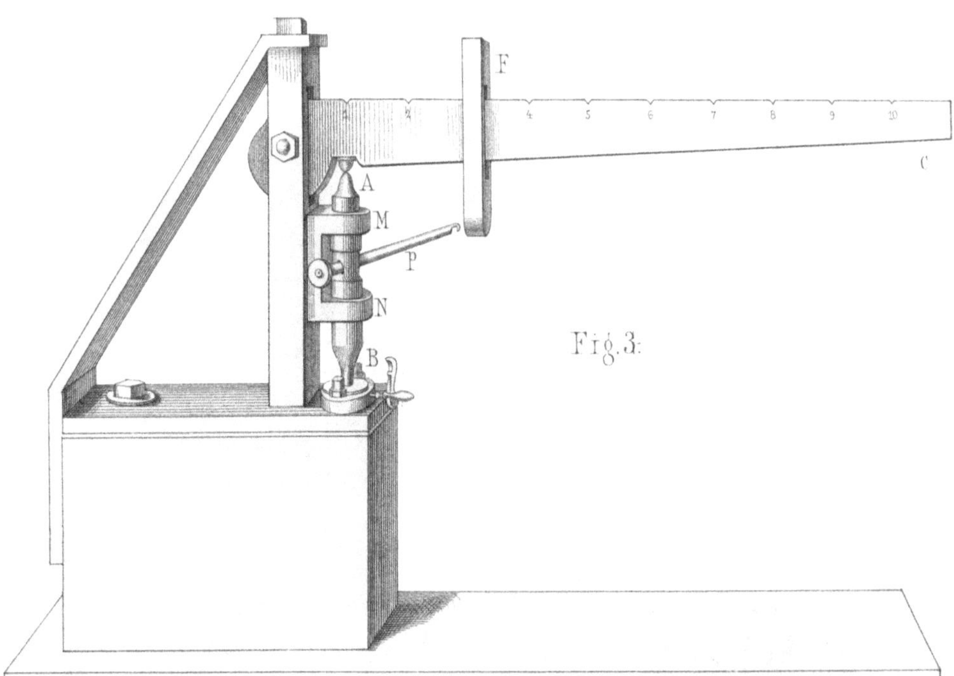

Fig. 3.

Peters gez.

Lith. Inst. v. A. Henry in Bonn

Fig. 4.

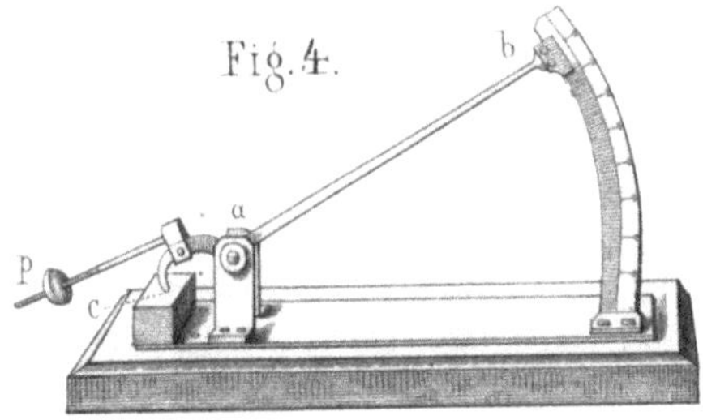

Fig. 2.

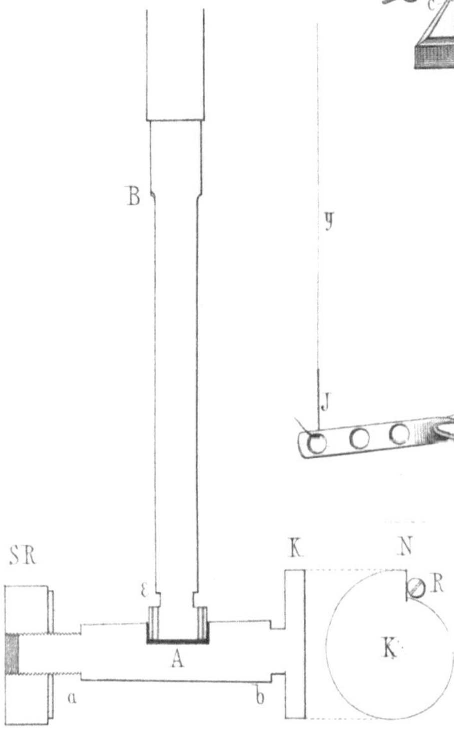

Fig. 3.

Fig. 1.

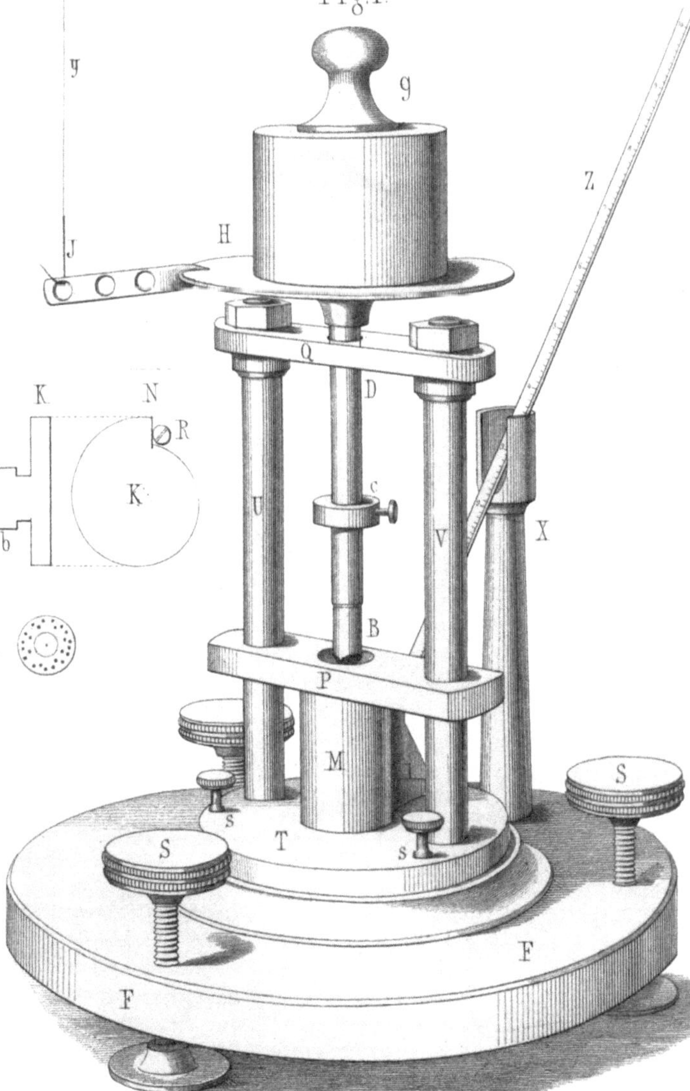

Peters gez.

Lith. Inst. v. A. Henry in Bonn

Taf. IV.

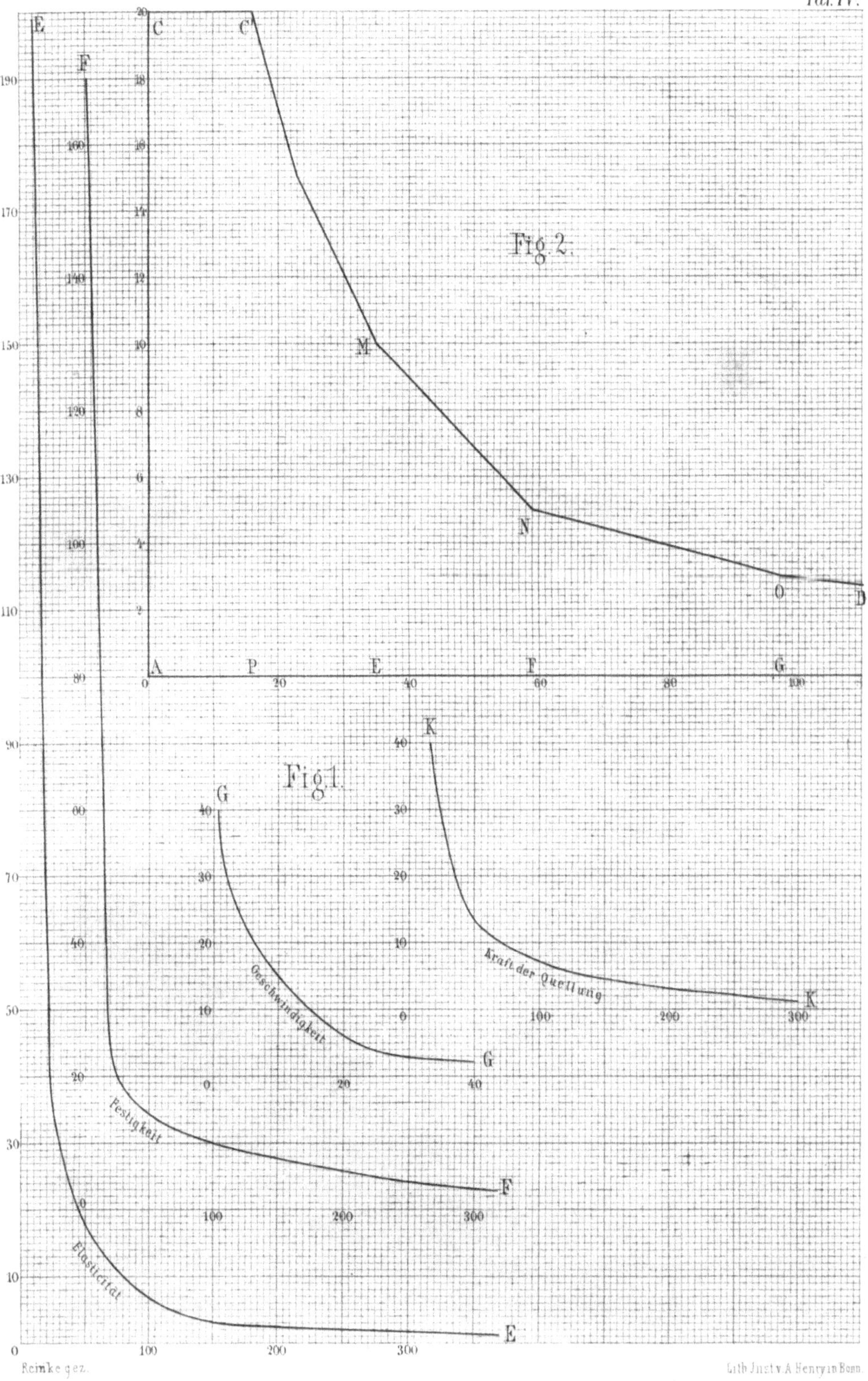

Reinke gez.

Lith. Inst. v. A. Henry in Bonn.